U0107323

1 Midjourney 设计领域生图应用

现代风格书房设计

现代主义别墅设计

科幻电影宣传海报

咖啡厅简洁优雅 Logo

鲜花包装盒设计

电竞座椅设计

超现实汽车设计

未来科技感飞机设计

2 Midjourney 绘画领域生图应用

自然风景油画　儿童肖像油画　美食油画　自然风景水彩画

儿童肖像水彩画

雪貂水彩画

素描风景画

美味佳肴素描画

雪貂素描画

海滩风景画　城市风景画　乐器静物画

书籍静物画

色彩鲜艳的抽象画

黑暗而忧郁的抽象画

印象派绘画

新印象主义绘画

超现实主义绘画

勒内·马格利特超现实主义绘画

太空探险科幻场景插画

未来城市科幻场景插画

机械科幻场景插画

童话生物幻想场景插画

巨龙与巫师幻想场景插画

3 Midjourney 摄影领域生图应用

面部特写人像摄影

表情愉悦的人像摄影

风景摄影

风景摄影：日出

风景摄影：峡谷奇观

动物摄影：母狮

动物摄影：鹦鹉

动物摄影：小猫

食物摄影：甜品　食物摄影：果蔬沙拉　食物摄影：重庆小面　黑白摄影：人物肖像

微距摄影：植物

微距摄影：动物

高速摄影：彩色粉尘

高速摄影：液体

4 Midjourney 其他创意生图应用

老式邮票：鹰

分层纸手工：山中小屋

动物贴纸：卡通兔子

T 恤印花：金字塔元素 1

沙盒元素：《我的世界》游戏

等距视图：公寓

中式纹样：牡丹图案

星空：暖色调

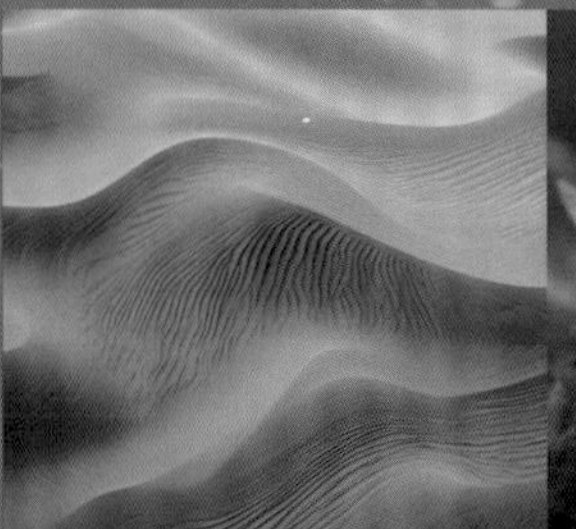

肌理：沙丘

羊毛毡玩具：小熊猫

手机壳设计：敦煌风

融合物种 2

AI绘画教程

Midjourney使用方法与技巧从入门到精通

内容提要

本书介绍了当前AI绘画领域极具人气的绘画工具——Midjourney，并全面系统地讲述了Midjourney绘画的基本应用技能和相关领域的实战案例。

全书共分为11章，第1章介绍了Midjourney的基础知识；第2章至第6章讲解了Midjourney绘画的基础技能，包括Midjourney的注册、登录与订阅流程，Midjourney绘画初体验，使用Midjourney的提示词、指令、参数的方法，以及Midjourney生图方式与实战；第7章至第10章为Midjourney绘画的实战应用，讲解了Midjourney在设计、绘画、摄影、创意生图等领域的应用，提供了实际案例以供借鉴；第11章为扩展部分，介绍了Midjourney社区的氛围及社区成员之间交流学习等相关知识。

本书适合零基础绘画爱好者、创意爱好者，以及设计师、非专业AI绘画爱好者等阅读和使用。此外，本书还可以作为中职、高职、本科院校相关专业的参考书。无论读者是否具备专业背景，都能从本书中获得Midjourney的应用指导和创意灵感启发。

图书在版编目(CIP)数据

AI绘画教程：Midjourney使用方法与技巧从入门到精通 / 李婕，高博，袁瑗著. — 北京：北京大学出版社，2024.3

ISBN 978-7-301-34686-0

Ⅰ. ①A… Ⅱ. ①李… ②高… ③袁… Ⅲ. ①图像处理软件 Ⅳ. ①TP391.413

中国国家版本馆CIP数据核字（2023）第231497号

书　　名　AI绘画教程：Midjourney使用方法与技巧从入门到精通
AI HUIHUA JIAOCHENG：Midjourney SHIYONG FANGFA YU JIQIAO CONG RUMEN DAO JINGTONG

著作责任者　李婕　高博　袁瑗　著

责任编辑　王继伟　孙金鑫

标准书号　ISBN 978-7-301-34686-0

出版发行　北京大学出版社

地　　址　北京市海淀区成府路205号　100871

网　　址　http://www.pup.cn　　新浪微博：@北京大学出版社

电子邮箱　编辑部 pup7@pup.cn　总编室 zpup@pup.cn

电　　话　邮购部 010-62752015　发行部 010-62750672　编辑部 010-62570390

印 刷 者　北京宏伟双华印刷有限公司

经 销 者　新华书店

787毫米×1092毫米　16开本　15.25印张　插页2　393千字

2024年3月第1版　2024年3月第1次印刷

印　　数　1-4000册

定　　价　89.00元

未经许可，不得以任何方式复制或抄袭本书之部分或全部内容。

版权所有，侵权必究

举报电话：010-62752024　电子邮箱：fd@pup.cn

图书如有印装质量问题，请与出版部联系，电话：010-62756370

前言 Preface

◎ 关于本书

随着人工智能技术的不断发展，我们进入了一个充满创新和变革的时代。Midjourney是AI绘画领域备受瞩目的明星产品，这款AI绘画工具由Midjourney研究实验室开发，能够根据输入的文本生成图像，涵盖多种艺术风格。

随着Midjourney成为热门AI绘画工具，越来越多的设计师和创作者希望能够有效地用它来进行创作。本书旨在为读者提供Midjourney全面的学习方法，从初级到高级，逐步介绍Midjourney的应用，帮助那些对AI绘画有浓厚兴趣，却对Midjourney的使用感到困惑的读者了解和掌握这一强大的工具。

本书可以帮助读者更好地掌握Midjourney的绘画原理、方法与技巧，激发读者的灵感与创造力，提高他们在艺术、设计、摄影等多个领域的创作能力。本书还满足了AI绘画爱好者的需求，有效地帮助他们掌握AI工具，实现创作目标，并推动AI绘画领域的发展和创新。

◎ 本书特点

本书的独特之处在于可快速上手、逐步深入，进而实现从入门到精通的目标。我们从基础入手，逐步引导读者了解Midjourney的基础知识和操作技能，再深入讲解各个应用场景的高级技巧和实战案例。书中不仅包含技术操作的指导，还涵盖创作灵感的激发，以及与其他艺术家共创发展等内容。对本书的整体特点归纳如下。

（1）零基础，快速入门：本书的内容从零开始，力求浅显易懂，无须额外的艺术基础即可学习。

（2）前沿知识，学后不落伍：本书力争将前沿的操作技巧和实用案例介绍给读者，让读者能够掌握新的应用技能。

（3）知识系统，层层递进：书中的章节按照从基础到进阶的顺序排列，覆盖了理论知识和基本操作，并引导读者进行实战演练，最终使读者能够熟练地使用Midjourney解决实际问题并拓展其应用。这样的结构有助于读者逐步掌握技能，从而更好地应用于实际创作中。

（4）案例驱动，学以致用：书中丰富的实际案例向读者展示了Midjourney在不同领域的应用，进而帮助读者更好地将Midjourney融入实际的创作中，激发灵感和创造力，灵活应用到各行各业。

（5）温馨提示，少走弯路：书中的“温馨提示”是对当前内容进行补充和拓展，为读者答疑解惑，让读者少走弯路。

◎ 内容安排

本书内容安排与知识结构如下。

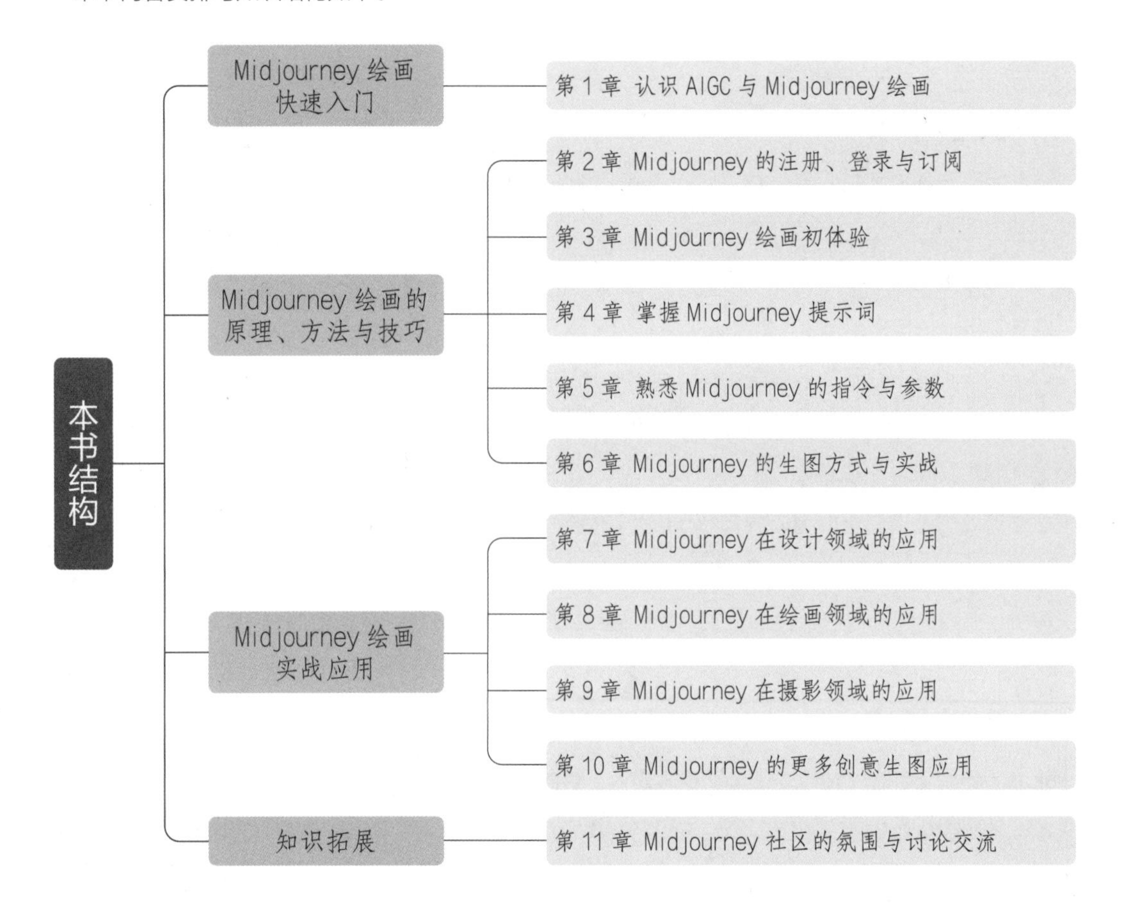

◎ 学习建议

学习一门新技能需要耐心和实践，Midjourney 亦不例外。对于初次接触 Midjourney 的读者，建议从基础知识开始学习，为后续实际操作打下坚实的理论基础。在操作和进阶部分，建议读者按照书中的知识点和案例步骤实操一遍，深刻体会 Midjourney 的应用方法并积累宝贵实操经验。使用 AI 绘画工具进行创作的关键在于动手实践，并持续思考。除了书中的案例，读者还可以根据自身的工作或学习需求进行生图操作，可能会有意想不到的效果出现。初期效果不如人意时，不必急躁，学习是一个反复摸索的过程，随着学习的深入和实践的积累，则可以掌握 Midjourney 的使用技巧并精准地生成所需的图像。已掌握 Midjourney 理论知识的读者，可根据需求直接进行案例实操，加强实践，填补知识的空白，深入理解 Midjourney 的应用。

Midjourney 易于入门，初学者可以迅速上手。然而，想要在实际应用中获得令人满意的效果，还需要持续学习，充分练习，积累经验，提升技能。同时，建议读者加入 Midjourney 社区，与其他创作者积极交流，互相学习。

衷心希望本书能帮助大家快速掌握Midjourney，创作出令人惊艳的作品，展现自己的创意和艺术才华。

◎ 学习资源

本书还附赠了以下学习资源。

（1）与书中内容同步的重点操作教学视频。

（2）超全领域的提示词速查表。

（3）制作精美的PPT课件。

（4）Midjourney常用指令速查表。

（5）Midjourney参数速查表。

（6）Midjourney的社区准则、服务条款及隐私政策。

（7）ChatGPT的调用方法与操作说明手册。

（8）国内AI语言大模型简介与操作手册。

（9）《Photoshop完全自学教程》教学视频。

温馨提示

本书附赠的学习资源可用微信扫描下方其中一个二维码，关注微信公众号，然后输入本书 77 页资源下载码，根据提示获取。

“博雅读书社”
微信公众号

“新精英充电站”
微信公众号

最后，感谢广大读者选择本书。本书由凤凰高新教育策划，由李婕、高博、袁瑗 3 位老师执笔编写，他们具有丰富的一线教学经验和行业实战应用经验。由于计算机技术发展非常迅速，书中不足之处在所难免，欢迎广大读者批评指正。

目录 CONTENTS

10 CHAPTER

第 10 章 Midjourney 的更多创意生图应用

11 CHAPTER

第 11 章 Midjourney 社区的氛围与讨论交流

CHAPTER 01

第1章

认识AIGC与Midjourney绘画

本章导读

在当今快速发展的科技领域，人工智能已经成为引领未来的重要力量。而在这个激动人心的领域中，AIGC（Artificial Intelligence Generated Content，人工智能生成内容）作为一种前沿技术，引起了广泛的关注。本章将带领读者深入了解AIGC及与之密切相关的Midjourney，探索它们的奇妙世界。

在1.1节中，读者将对AIGC的概念有一个全面而清晰的认识，为后续的探索打下坚实的基础；在1.2节中，将探寻Midjourney的诞生和发展，了解Midjourney在成长过程中所坚持的使命和愿景；在1.3节中，将着眼于Midjourney的搭载平台Discord，深入了解这个平台的功能和特点，揭示Discord对Midjourney的重要作用；在1.4节中，将深入了解Midjourney的特点，剖析其独特的功能和技术优势；在1.5节中，将了解Midjourney的应用领域和案例效果，探讨普通人与Midjourney的联系，聚焦于非艺术专业人群与Midjourney的互动，揭示这种新型绘画工具带来的深远影响。

通过对本章的学习，相信读者将对Midjourney有一个初步的了解。AIGC技术作为一个崭新领域，将为未来的科技发展带来巨大的可能性，而Midjourney作为这一领域的佼佼者，必将在AIGC领域的征程中创造更多惊喜与奇迹，让我们一同踏上这段精彩之旅吧！

1.1 关于AIGC

介绍Midjourney之前，让我们先来了解一下AIGC。提及AIGC工具，大家最熟悉的莫过于OpenAI的ChatGPT（Chat Generative Pre-trained Transformer，聊天生成预训练转换器），这是一款强大的聊天机器人，能够进行智能对话和文本生成；Midjourney则是AIGC图像领域中具有代表性的AI绘画工具之一，利用Midjourney，用户可以根据提供的文本或图像，获得令人惊叹的艺术作品。

1.1.1 什么是AIGC

互联网内容生产方式经历了PGC—UGC—AIGC的过程。PGC（Professional Generated Content）是指专业生成内容，由专业的创作者或团队进行创作、编辑和发布的内容；UGC（User Generated Content）是指用户生成内容，由普通用户参与创作、编辑和发布的内容；AIGC则是指人工智能生成内容，利用人工智能来创作、编辑和发布的内容。在Web3.0时代，由于PGC和UGC生产效率及资源的限制，因此难以满足高速增长的内容需求。在这种情况下，AIGC作为一种新型的内容生成工具应运而生。AI绘画、AI写作等都属于AIGC的分支。对AIGC来说，2022年被认为是其发展速度惊人的一年。

AIGC在内容创作上具有许多优势。它的自动化生成能力大大提高了内容创作的效率，降低了创作门槛，使更多的人能够参与内容的创作，展现自己的创造力。这也符合Web3.0时代强调去中心化和开放性的特点。同时，AIGC可以在对话、故事、图像、视频和音频等方面打造新的数字内容生成与交互形式，为用户提供更加丰富和多样化的信息体验，满足Web3.0时代用户对内容多样性和个性化的需求。

然而，AIGC在引领AI技术新趋势和相关产业发展的同时，也可能带来一定的风险和挑战，诸如知识产权保护、技术伦理、环境影响等，这需要引起关注并进行有效控制。

1.1.2 AIGC核心技术

AIGC的核心技术主要涉及两个方面：自然语言处理和AIGC生成算法。

1. 自然语言处理（Natural Language Processing，NLP）

NLP赋予了AI理解和生成自然语言的能力。在AIGC中，NLP起到了至关重要的作用。NLP技术能够帮助人工智能模型从人类提供的指令或输入的信息中提取和理解意图信息，并根据这些信息生成内容。这使AIGC可以根据用户的需求和指令来自动生成文本、音频、图像等数字内容，实现更高效、更快速的内容生产。NLP的两个核心任务是自然语言理解（Natural Language Understanding，NLU），即模型理解人类语言的意思和意图；自然语言生成（Natural Language Generation，NLG），即模型生成符合语法和上下文逻辑的自然语言文本。

2. AIGC生成算法

AIGC中的生成算法是指通过人工智能技术自动生成内容的算法。生成算法是AIGC能够自动创作内容的核心。这些算法依赖深度学习技术，特别是生成对抗网络（Generative Adversarial Network）等模型。生成算法涵盖了多种类型的生成模型，包括生成对抗网络、扩散模型（Diffusion Model）、预训练模型等。通过不断训练和优化，这些算法使AIGC能够生成各种类型的内容，包括图像、音频、文本等，并实现内容创作的自动化和高效化。

以上两个方面的结合使AIGC能够在跨模态的生成和交互中取得显著进展，从而带来新一轮范式转移，推动人工智能生成内容的快速发展和广泛应用。

1.1.3 AIGC的基本模态

根据内容生产模态，AIGC的主要模态大致分为文本、图像、音频、视频及前几类模态融合的跨模态内容生成模式。每一种模态技术都有着独特的应用场景和特点，具体如下。

（1）**文本生成**：AIGC在文本生成领域有广泛的应用，可以用于自动生成文章、创作小说、构思剧本等。其中，OpenAI的ChatGPT就是一款强大的文本生成模型，它可以胜任生成高情商对话、代码等多种场景，将人与机器之间的对话推向新的高度，被誉为具有人类智能的代表性产品。

（2）**图像生成**：AIGC在图像生成领域也有突出的应用。通过训练大型生成模型，AIGC能够生成高质量的图像，包括风景、人物、动物等各种视觉内容。Midjourney、Stable Diffusion、DALL·E 2等图像生成工具在短时间内取得了重大进展。

（3）**音频生成**：AIGC可以应用于音频生成，包括语音合成、音乐创作等方面。这种技术在自动语音合成、虚拟主播等领域有着巨大的应用潜力。

（4）**视频生成**：AIGC的视频生成技术涉及从输入视频中生成其他视频，使用文本和图像提示生成新视频内容，以及在产业中应用这些技术所带来的商业机会。这些技术在创作、编辑和创意领域有着广阔的应用前景。

（5）**跨模态生成**：AIGC不仅可以应用于文本、图像、音频、视频等单一领域，还可以在不同模态之间进行跨模态生成。这意味着AIGC可以将不同类型的内容进行智能转换和生成，比如将文本转换成图像、将图像转换成音频等，这在实现更多创意和交互形态上具有广阔的应用前景。

温馨提示

模态：在AI领域中，模态是指信息的来源或形式，可以将每一种信息的形态称为一种模态。例如，人类通过触觉、听觉、视觉、嗅觉等多种感官来感知世界，这些感官可以被视为不同的模态。信息的传递媒介，如语音、视频、文字等，也可被视为不同的模态。

1.1.4 AIGC热门产品

AIGC的每种模态技术都有着独特的应用场景和不同的特点，下面我们将介绍AIGC各模态的热门产品。

（1）文本： OpenAI的GPT系列是热门的AI语言大模型之一，能够根据输入的提示词生成高质量的文章、新闻报道、故事、对话，甚至代码等内容。其他写作类工具还包括New Bing、Elephas、WordAi等。

（2）音频： 在音乐创作领域，AIVA可以根据用户的输入，生成原创的音乐作品，并且支持与人类音乐家的协同创作。其他出色的音频工具还有AI配音工具Fliki等。

（3）图像： 在绘画领域，Midjourney是应用广泛的工具，它可以根据用户的提示词等生成图像。其他图像类生成工具还有Stable Diffusion、DALL·E 2等。

（4）视频： 在视频创作领域，Synthesia是令人难以置信的AI视频生成器之一，只需要选中AI演示者，输入脚本，便可在几分钟内轻松创建出逼真的AI视频。值得一提的其他AI视频工具还有DeepBrain.ai、Elai.io等。

以上是各模态的人气产品，代表了AIGC领域的前沿创新技术。在接下来的发展中，我们可以期待更多新的突破和更多应用场景的涌现。

1.2 Midjourney的诞生和发展

Midjourney是由同名研究实验室开发的一款AI绘画工具，通过自然语言描述生成图像，用户可以通过Midjourney的机器人指令进行操作，从而实现有创意的艺术创作。Midjourney搭载在聊天软件Discord上，目前已经积累了超过1000万用户。下面我们来了解一下Midjourney的诞生、发展历程及其发展盛况。

1.2.1 Midjourney的诞生

Midjourney是一款AI绘画工具，以开放公测的方式于2022年7月12日首次进入公众视野，2023年更新的V5版本让Midjourney及其作品成功“出圈”，代表作有《中国情侣》图片，如图1-1所示。

图1-1 《中国情侣》图片

Midjourney是由位于旧金山的同名研究实验室创建的生成式人工智能程序和服务。该研究实验室是一个独立研究实验室，专注于设计、人类基础设施和人工智能，致力于探索新的思维媒介并扩展人类的想象力。Midjourney通过自然语言描述（提示词）生成图像，类似于OpenAI的DALL・E 2和Stable Diffusion。Midjourney团队由David Holz领导，他成立了Midjourney研究实验室，致力于探索新的机会，尤其是在AI生成艺术领域。公司于2023年4月入选福布斯2023年AI 50榜单：最有前途的人工智能公司。

1.2.2 Midjourney 的发展历程

Midjourney的发展可以追溯到2021年，当时David Holz开始着手这一项新的AI项目——Midjourney图像生成平台，于2022年7月12日首次进入公测阶段。自公测发布以来，Midjourney不断改进其算法，并每隔几个月发布新的模型版本。截至2023年6月，已发布的模型版本如下。

V1于2022年2月发布，V2于2022年4月发布，V3于2022年7月发布，V4的Alpha版本于2022年11月发布，V5的Alpha版本于2023年3月发布，V5.1于2023年5月发布，V5.2于2023年6月发布。

这些版本代表了Midjourney团队持续改进AI模型能力和艺术风格的努力。通过在Discord上加入Midjourney的官方服务器，或者邀请Midjourney机器人加入自己的Discord服务器中进行访问，用户可以使用“/imagine”指令并输入提示词来生成图像。Midjourney的发展历程展示了不断迭代和改进AI算法的过程，为艺术家等创作者提供了一种独特的可以根据文字描述生成图像的工具。

1.2.3 AIGC 现象级应用 Midjourney

现象级应用Midjourney在AIGC领域取得了突破性进展，成功地将AIGC技术产品化，其中文生图模式是AIGC商业模式较为成熟的领域。Midjourney允许用户通过简单的提示词生成独具艺术感的图片，因此获得了大量用户的喜爱。该应用搭载在Discord平台上，吸引了超过1000万个社区成员，预计年营收约为1亿美元。AI艺术生成起源于2015年，谷歌的研究员Alexander Mordvintsev开发了名为DeepDream的机器学习应用，专门用于艺术创作。随后，谷歌将该应用开源，使艺术家能够通过算法生成艺术图像。从那时起，AI艺术生成逐渐进入公众的视野。

到了2022年，Midjourney的应用在AIGC领域取得了显著的进步。2022年8月，在美国科罗拉多州博览会的艺术比赛中，一幅由Midjourney生成的名为《太空歌剧院》的画作获得了数字艺术类别冠军，如图1-2所示。这表明AI艺术生成技术在艺术领域的应用逐渐受到人们的认可和重视，并取得了显著的成就。Midjourney的成功和该画作的荣誉也标志着AI技术在艺术创作中的巨大潜力和可能性。

图1-2 《太空歌剧院》画作

温馨提示

现象级应用：指一类人工智能应用程序，其性能和表现达到了引起人们惊叹和震撼的程度。这些应用程序通常在特定任务或领域中展现出超越人类水平的能力，以至于它们被描述为“现象级”或“超凡”应用。这些应用程序往往基于深度学习和大规模数据训练，利用强大的计算能力和算法优化来实现出色的表现。

1.3 关于Discord

提到Midjourney就不得不提Discord，因为Midjourney是搭载在Discord平台上使用的。接下来，让我们了解一下什么是Discord，它是怎么划分的，以及它与Midjourney是怎样协同发展的。

1.3.1 什么是Discord

Discord是一款免费的社交软件，于2015年发布，可跨平台使用，专注于为用户提供高效的语音、视频和文本通信功能。它为用户提供了一个全面的聊天、语音和视频通话功能，让用户可以在不同的服务器上建立社区，在服务器内部设立不同的频道并用于不同的交流。Discord最初是为游戏社区而设计的，后来逐渐扩展到其他领域。许多人在其中找到了有共同兴趣的朋友和社群，因为其多功能性和易用性，Discord在不同社交群体中越来越受欢迎，并扩展到了各个领域，成了一个应用广泛的社交平台。

1.3.2 Discord网页版与客户端版

Discord可以大致分为网页版和客户端版。网页版是Discord的一个在线版本，用户可以通过网页浏览器访问官方网站，而无须下载和安装任何客户端软件。它提供了文字聊天和语音聊天功能，用户可以在聊天频道通过文字消息、图片、视频和音频进行交流。网页版Discord相对于客户端版，其功能较为简洁，优势在于无须安装任何软件，只需打开浏览器即可使用，但是对于一些高级功能和设置，则可能需要使用客户端版。

Discord的客户端版是一款适用于不同操作系统的软件应用程序。与网页版相比，客户端版提供了更多功能，如创建服务器、拥有服务器、创建频道、在游戏中与其他玩家进行语音聊天，以及可自定义身份组的各种权限和颜色。客户端版特别适合游戏玩家、社交社群及其他需要语音和文字交流的在线社交群体。

Discord网页版和客户端版各有优势，用户可以根据自己的需求和偏好来选用。

1.3.3 Midjourney与Discord协同发展

使用Midjourney的第一步是注册一个Discord账号，接着在Discord上创建Midjourney的服务器，用户随后可以进入特定的频道。在这些频道中，用户可以与聊天机器人互动，通过发送提示词（Prompt），获得对应的艺术图片，从而实现创意和艺术的生成。Midjourney与Discord紧密合作，共同构建了一个独特的创意与社交互动空间。Discord为Midjourney提供了共创的土壤，让用户在社区中相互模仿和交流，创造了一个充满创意和想象力的氛围，这为Midjourney的发展与创新提供了强大的基础支持。Midjourney则为Discord用户带来更加丰富有趣的体验，促进Discord社区的繁荣与壮大。用户不仅可以展示自己的创意和艺术作品，还可以从他人的作品中获得灵感，从而在共创的土壤中不断探索、交流和展现想象力。正是通过这种紧密合作，Midjourney取得了巨大成功，成了Discord社区不可或缺的一部分。同时，Midjourney的存在也增加了Discord社区的功能和用户黏性，吸引了更多艺术爱好者的加入。这种协同发展为Midjourney的成功和Discord社区的丰富化作出了重要贡献，为整个社区带来了更加丰富多彩的互动体验。

1.4 Midjourney的特点

Midjourney是一款集高质量、低门槛、跨平台、多元化、多场景等优点于一身的AI绘画工具。它不仅拥有出色的绘画能力，还为用户提供了简单易用的操作方式，使任何人都能轻松创作出属于自己的作品。多元化的生图风格更加激发了创作的灵感，适用于绘画、设计、娱乐、教育等多个应用场景。随着人工智能技术的不断发展和应用，相信Midjourney在绘画创作领域的重要性将不断扩大，为用户带来更多创作的可能性和美好的体验。

1.4.1 强大的 AI 绘画能力

Midjourney采用了类似于GPT-4的深度学习技术，通过大量的图像数据进行训练，使其具备了强大的绘画能力。通过使用深度学习算法，Midjourney能够使绘画作品呈现出更加细腻的质感和色彩。它可以理解用户的输入信息，如文字描述及草图，并在图像数据中寻找相似的元素和特征，从而生成满足用户需求的绘画作品，为用户提供智能化的绘画体验。Midjourney作为一个强大而智能的绘画创作助手，为用户提供了无限的可能性，帮助他们将想象转化为现实的绘画作品，拓展了绘画创作的边界。

1.4.2 低门槛学习和操作

Midjourney是一款搭载在Discord上的AI绘画聊天机器人，让用户能够在Discord的社交平台上进行绘画创作和交流。Midjourney操作简单，支持跨平台使用，学习门槛低，任何人都可以轻松创作出属于自己的作品，即使没有绘画经验也能进行创意表达。对于没有绘画基础或绘画时间有限的用户，Midjourney提供了自动绘画功能，用户只需用提示词简单描述想要创作的场景，比如“活泼的白色牛头梗正在追赶足球”，Midjourney就能自动绘制出相关的作品。这种功能让用户能够迅速上手，得到满足自己需求的绘画作品，节省了时间和精力。Midjourney旨在为用户提供一个简单、便捷的AI绘画创作平台，它为没有绘画经验的用户打开了一扇创作的大门，使更多的人可以在Discord上进行绘画创作和创意表达，享受绘画带来的乐趣和成就感。

1.4.3 多元化的生图风格

Midjourney为用户提供的多元化生图风格是其最引人注目的特点之一。通过支持动漫风格、示意图风格、未来风格、观赏水彩风格、插图风格、像素艺术风格、镜头滤镜风格、电影风格等，Midjourney为用户提供了多而灵活的选择方式，满足不同用户的创作需求和艺术风格偏好。创作者可以根据自己的创意和目标选择不同的风格，每一种风格都能为创作者带来独特的视觉体验和创作乐趣，赋予作品更加丰富的情感和表现力。

Midjourney的多元化生图风格为用户提供了无限的创作可能性，帮助用户轻松创作出独具个性的绘画作品，将想象和创意转化为现实，丰富了绘画艺术的表现形式，使创作体验更加丰富多彩。

1.5 Midjourney与我们

Midjourney的应用涵盖了绘画、设计、媒体内容创作等多个领域。同时，作为一个强大且便捷的AI绘画创作平台，Midjourney使更多人能够轻松实现创意，享受绘画带来的乐趣与成就感。无论是否具备绘画基础，用户都能从Midjourney中感受到艺术创作的魅力。

1.5.1 Midjourney 的应用领域

Midjourney的应用涵盖了多个领域，为用户带来了丰富的创作体验。对于设计师来说，Midjourney是一个强大的创作平台，能根据不同风格和内容生成多种图像，并覆盖多种媒介和环境，这使设计师能够更灵活地表达他们的想法和创意。对于绘画创作者们而言，Midjourney是一款前所未有的工具，通过简单的文本描述即可生成分辨率高、绘画性强且美观的图像作品，这为艺术创作带来了更多可能性并引发了创作者更多的灵感。Midjourney还在虚拟创作、概念设计和广告创意等领域有很大的潜力，可用于快速构思和展示想法，为创意产业提供更高效的创作工具。在游戏开发中，Midjourney的应用也显示出强大的创作能力。从角色设计到场景绘制，Midjourney可以辅助游戏开发人员快速生成图像，帮助他们实现游戏世界的构建和表现。在艺术市场，Midjourney独特的高分辨率文本生图功能及活跃的艺术社区，吸引了艺术爱好者和专业人士的目光。

Midjourney的应用广泛，为用户提供了强大而便捷的图像生成平台，拓展了创作的边界，激发了创作者的无限创意。

1.5.2 Midjourney 的案例效果展示

下面我们通过几个案例来感受Midjourney在多种场景下生成的作品。图1-3所示是通过提示词“An energetic white Bull Terrier chasing a football in an illustration style”（一只活泼的白色牛头梗正在追赶足球，以插画风格呈现）生成的插画风格的图片。

图1-4所示是通过提示词“Interior design of a hotel room in a modern Chinese style, with a light, sophisticated, and tranquil ambiance. The room is adorned with a wooden table adorned with natural decor, intricate details, and studio lighting”（酒店房间的室内设计，采用现代中式风格，以淡雅、高级和幽静为特点。房间内配有自然装饰风格的木桌、复杂的细节和工作室灯光）生成的室内设计的图片。

图1-3　插画设计图

图1-4　室内设计图

图1-5所示是通过提示词“Exquisite afternoon tea pastries, intricate designs, beautifully arranged plate and luxurious tableware, rich details, close-up”（精致的下午茶糕点，复杂的设计，摆盘漂亮且餐具奢华，细节丰富，近景）生成的食物摄影图片。

图1-6所示是通过提示词“High heels adorned with floral and jewelry embellishments, elegant, delicate and refined”（高跟鞋饰以花卉和珠宝，优雅的，细腻的，精致的）生成的高跟鞋设计图片。

图1-5　食物摄影图

图1-6　高跟鞋设计图

温馨提示

因为Midjourney生成图片所用的seed值是随机产生的，所以即便输入相同的提示词，生成的图片也会有所不同。若想用提示词生成相同旧作业，则需seed值亦为相同数值。读者可以自行了解和学习生成相同旧作业的操作方法。

1.5.3 Midjourney对非设计绘画专业人群的意义

传统绘画通常需要较长的学习时间和专业的绘画技能，而Midjourney的出现打破了这一限制。用户只需提供简单明了的提示词，就能通过Midjourney生成图像作品，从而将他们的创意转化为视觉艺术。这种低门槛的创作方式使那些没有绘画基础或没有时间学习艺术知识的人们也能轻松参与艺术创作，释放他们的创意潜力。

同时，Midjourney还提供了风格迁移等功能，使用户能够将不同的艺术风格应用到作品上，进一步丰富创作的可能性。这样的特性激发了创作者的创造力，让他们能够在作品中尝试不同的风格和表现形式，从而打破传统的创作限制，创作出更具独特性的艺术作品。

对于非设计绘画专业的用户，Midjourney为他们提供了一个开放式、低门槛的创作平台，让更多人能够参与到艺术创作的领域中。这不仅拓展了创作的边界，也促进了艺术的普及和创新。随着Midjourney技术的不断发展，相信它将继续为更多人带来艺术创作的乐趣和机会，让创意无限延伸。

本章小结

在不断演进的科技领域，人工智能已经成为塑造未来的主要推动力。本章主要介绍了AIGC及Midjourney等相关知识。我们从基础知识开始学习，然后介绍了Midjourney的诞生和发展，强调其秉持的使命和愿景。随后，聚焦于Midjourney在Discord平台上的应用，展示了它在这个领域中的重要性。最后，讲解了Midjourney的特点、应用领域、案例效果及它与普通人的互动，阐述了这一新型绘画工具带来的深远影响。通过对本章的学习，读者将初步了解Midjourney的魅力，让我们在后面的章节中继续这段充满惊喜的旅程，探索Midjourney在艺术舞台上所创造的更多奇迹，以及它如何引领人工智能的前沿和塑造未来的创新风貌。

02 CHAPTER

第2章

Midjourney的注册、登录与订阅

在本章的学习中，我们将全面掌握Midjourney的基本操作，为后续的绘画和生成图像做好充分的准备。在接下来的几节中，我们将逐步了解Midjourney注册、登录和订阅等关键操作。在2.1节中，我们将介绍Midjourney账号注册的详细方法和操作流程，从创建账号到填写必要信息，一步步完成注册，直至拥有一个独一无二的Midjourney账号；在2.2节中，我们将全面探索Midjourney账号的登录操作，读者将学会使用注册信息登录Midjourney平台，并进入Midjourney社区，与其他用户互动、交流和分享创作灵感；在2.3节中，我们将详细了解Midjourney订阅的基本操作，并对比不同的订阅计划，包括基本计划、标准计划、专业计划和超级计划，区分每个计划所提供的GPU时间和其他功能，读者将学会如何订阅和取消连续订阅，根据需求和使用情况灵活地调整订阅计划。

通过对本章的学习，读者将轻松注册一个Midjourney账号，并成功登录，进入Midjourney社区。完成会员订阅后，将获得绘画功能权限，为自己的创作和设计工作带来更多可能性。

2.1 账号注册

使用Midjourney之前，我们必须拥有一个验证过的Discord账号。下面先注册一个Discord账号。

2.1.1 Discord 官网注册

由于Midjourney是搭载在Discord平台上使用的，因此我们需要注册一个Discord账号，操作步骤如下。

1 打开Discord官网，单击界面右上方的“Login”按钮，如图2-1所示。

图2-1 Discord官网页面

2 此时页面跳转至Discord登录页面。因为是注册账号，所以单击“登录”按钮下方的“注册”，如

图2-2所示。若已有账号，则可在此步输入账号和密码，直接登录。

3 进入Discord账号注册页面，按照页面提示，输入注册信息，然后单击“继续”按钮，如图2-3所示。

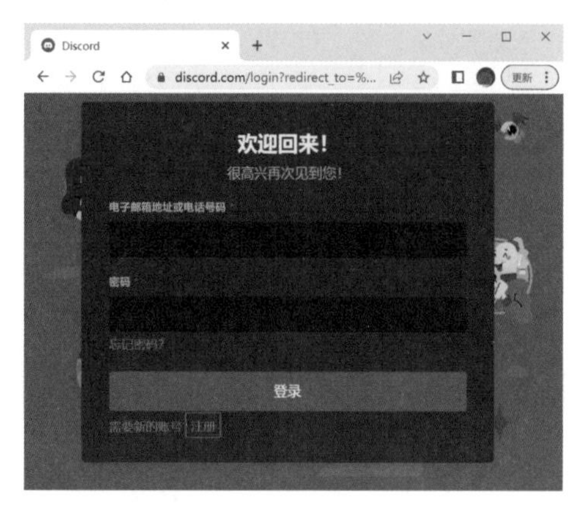

图2-2　Discord登录页面

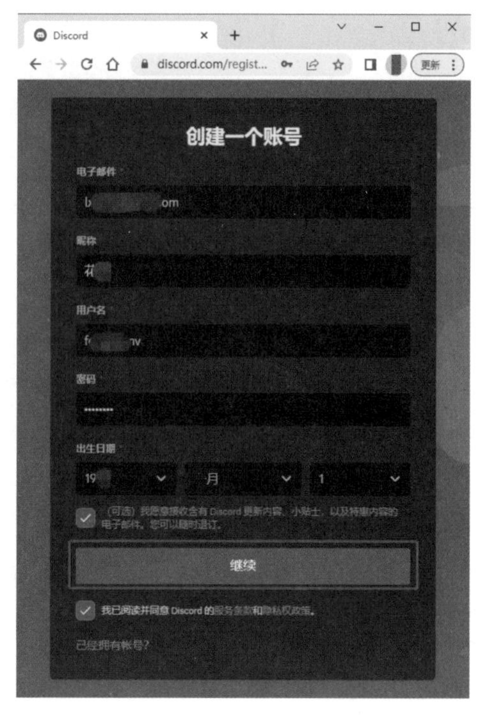

图2-3　Discord账号注册页面

温馨提示

年龄限制：Discord服务条款中用户必须达到最低年龄要求才能访问应用程序或网站，以确保未成年人不会接触到不适合他们的内容。读者在注册填写“出生日期”时，应该提前了解Discord年龄限制等相关规定。

4 进入人机验证阶段，用于判断用户是人类还是机器人，以便提供安全可靠的业务环境。选中“我是人类”，如图2-4所示。

5 按照要求进行验证，单击“下一个”按钮，如图2-5所示。

图2-4　人机验证页面

图2-5　进行验证

6 继续验证，单击“检查”按钮，如图2-6所示。

7 人机验证顺利通过，接下来单击“授权”按钮，如图2-7所示。此时，Discord账号注册完成，但尚不能正常使用，还需要完成电子邮件验证。

图2-6　继续验证

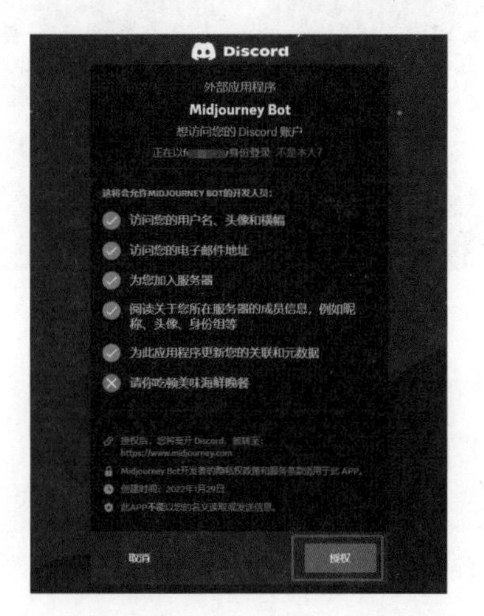

图2-7　通过人机验证后，单击“授权”按钮

> **温馨提示**
>
> Midjourney Bot是一款搭载在Discord上的AI绘画聊天机器人。想使用它，需要授权它访问用户的Discord账户，这样它才能与用户私信或在服务器上交互。授权操作的意义是让Midjourney Bot能够识别用户的身份和权限，以及发送用户想要的图片。

2.1.2　电子邮件验证

接下来，需要通过电子邮件来完成Discord账号的验证，操作步骤如下。

1 访问Midjourney官网，单击“Join the Beta”按钮，如图2-8所示。

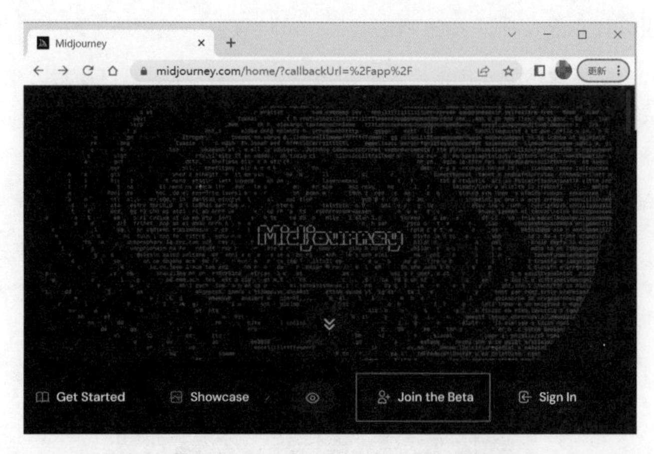

图2-8　单击“Join the Beta”按钮

2 页面提示您已被邀请加入Midjourney，单击“接受邀请”按钮，如图2-9所示。

3 再次出现人机验证，选中“我是人类”，如图2-10所示。

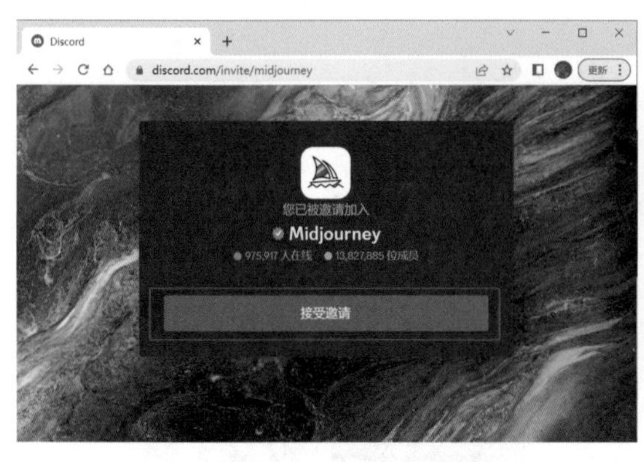

图2-9　单击“接受邀请”按钮

图2-10　人机验证页面

4 通过人机验证后，跳转至工作页面，页面上方有一条提示——“请检查您的电子邮件，并按照说明验证您的账户”，如图2-11所示。

5 此时，我们需要登录注册信息中所填的邮箱信息，在收件箱中打开Discord发送的验证邮件，并单击“Verify Email”按钮，进行邮件验证操作，如图2-12所示。

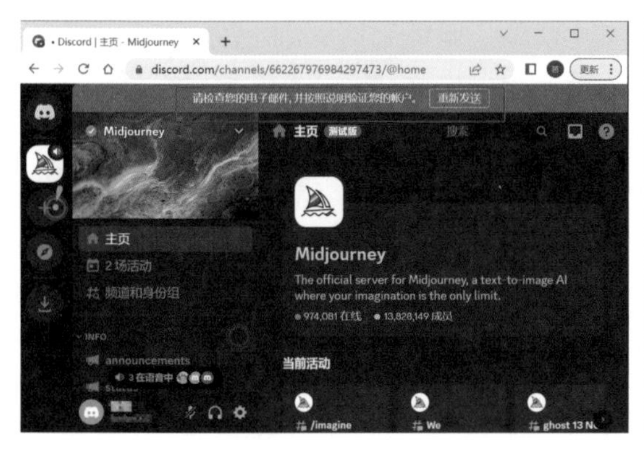

图2-11　提示检查电子邮件来验证账户

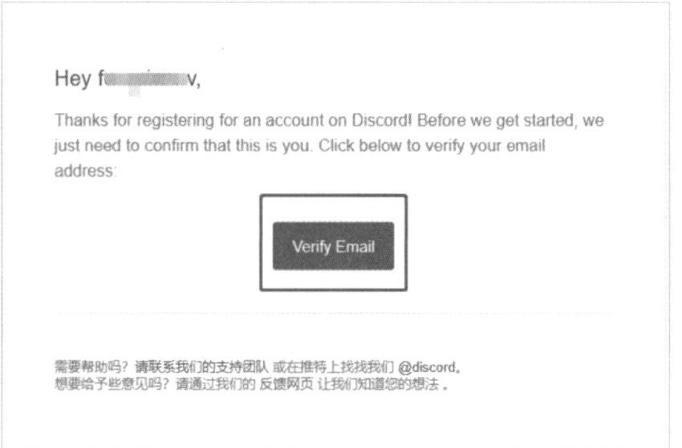

图2-12　邮件验证

温馨提示

如果在收件箱中未找到来自Discord的验证邮件，请检查一下垃圾箱，因为验证邮件有可能被误判为垃圾邮件而被拦截。如果确认邮件仍未出现在垃圾箱中，请回到图2-11页面，然后单击“重新发送”按钮，这样Discord将再次发送一封验证邮件。

6 此时，页面显示如图2-13所示，电子邮件已验证通过，单击“继续使用Discord”按钮。

图2-13　邮件验证通过

7 此时，跳转至图2-14所示的页面，则表明账号注册成功。

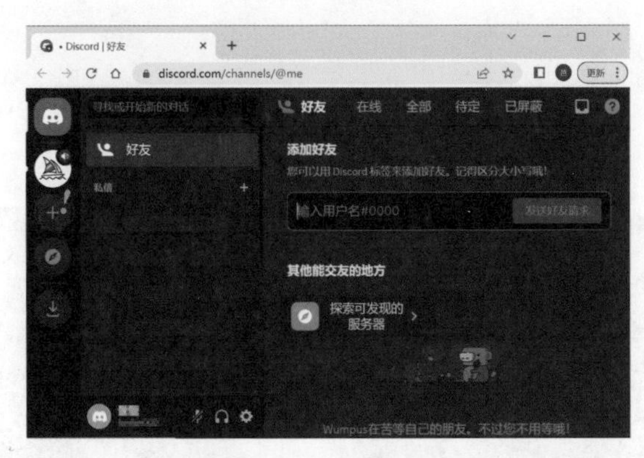

图2-14　注册成功

2.2 账号登录

Midjourney账号注册完成后，我们将学习账号登录的操作。由于Midjourney既可以通过网页版访问，也可以下载电脑客户端和APP来访问，登录方式依据平台不同而有所不同。下面我们通过网页版Midjourney来演示登录操作的全过程。

2.2.1　Midjourney 官网登录

下面以Midjourney官网登录为例，介绍其具体的登录方法。

1 打开Midjourney官网，单击右下角的“Sign In”按钮，如图2-15所示。

2 按提示输入账号信息，单击下方的“登录”按钮，如图2-16所示。

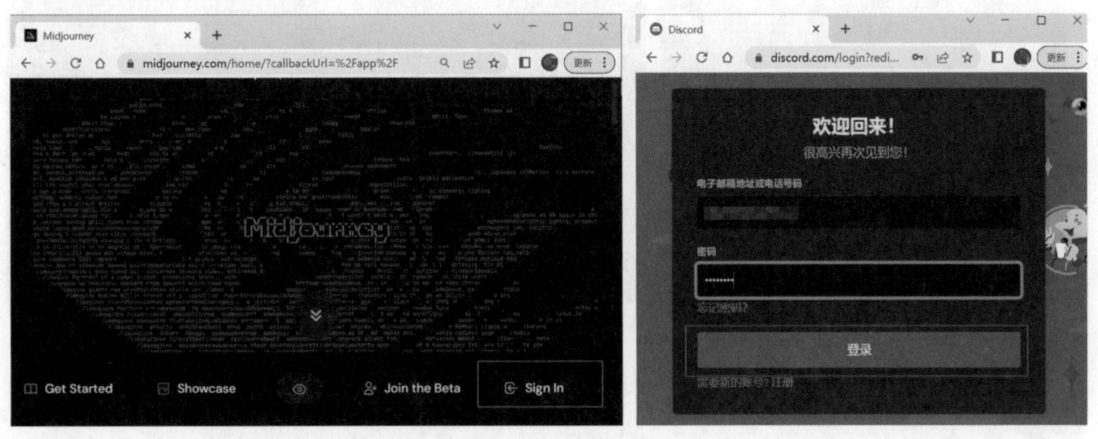

图2-15　Midjourney官网

图2-16　登录页面

2.2.2　进入 Midjourney 社区主页

登录后，通过以下步骤进入Midjourney社区主页，具体方法如下。

1 页面显示授权相关信息，单击下方的“授权”按钮，授权Midjourney Bot访问Discord账户，如图2-17所示。

2 单击“Join the Discord to start creating!”链接，加入Discord开始创作，如图2-18所示。

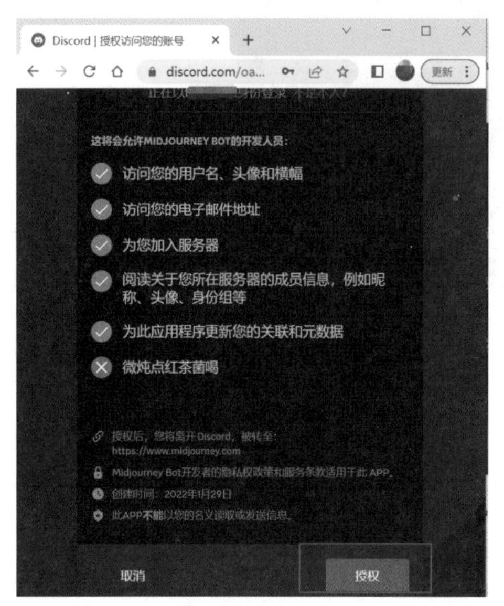

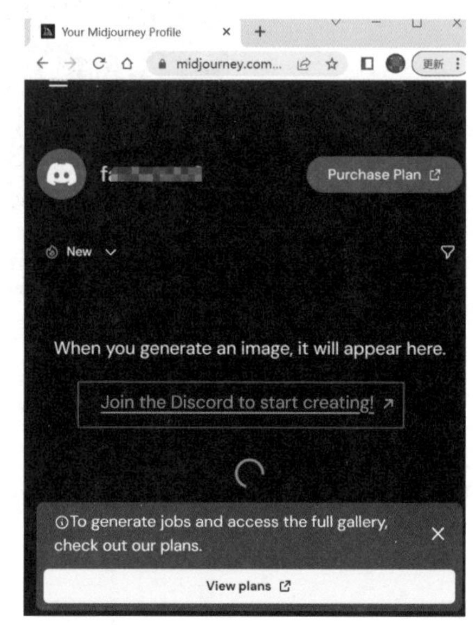

图2-17　授权Midjourney Bot访问Discord账户

图2-18　单击“Join the Discord to start creating”链接

3 此时，页面显示您已被邀请加入Midjourney，单击“接受邀请”按钮，如图2-19所示。

4 成功登录了Discord平台，并进入Midjourney社区主页，如图2-20所示。

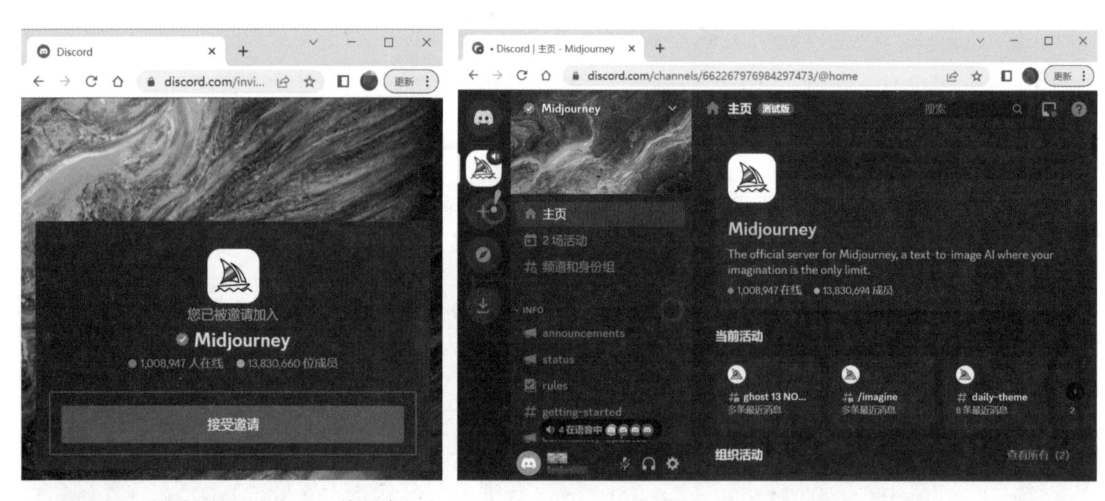

图2-19　接受加入Midjourney的邀请

图2-20　Midjourney社区主页

2.3 Midjourney订阅

在进入Midjourney社区后，我们会在一些频道中看到众多网友的精美作品，这可能会让我们蠢蠢欲动，想立刻尝试绘画创作。为了能够获得绘画功能的服务权限，接下来我们需要完成账号订阅的操作。

2.3.1　什么是 Midjourney 订阅

2023年3月底，Midjourney因为“试用滥用”而停止了免费试用服务，因此新用户需要开通订阅才能使用绘画功能。订阅成了Midjourney社区的关键所在，通过完成订阅，用户将获得额外的特权和服务，让绘画体验更加丰富并能满足个性化的创作需求。

订阅的优势和特权如下。

- **绘画功能：**用户可以完全解锁Midjourney的绘画功能，在符合社区规则的前提下，随心所欲地进行AI绘画。
- **更多快速GPU时间：**订阅可以为用户提供更多快速GPU时间，使他们能够更快速地生成图像，减少等待时间。
- **无限的放松GPU时间：**订阅可以为用户提供无限制的放松GPU时间，虽然出图速度较慢，但是出图数量没有限制。
- **高级特权：**某些订阅计划还提供高级特权，比如隐身模式，允许用户在Midjourney图库网站上隐藏他们的图片，保护隐私。
- **最大并发作业：**订阅可以提供更多的并发作业，让用户可以同时运行更多的绘画任务，提高创作效率。
- **评价图像以赚取免费GPU时间：**允许用户通过评价图片来获得免费的GPU时间，激励用户积极融入社区并发表自己的见解。
- **年度订阅优惠：**整年订阅享有相应的折扣，让用户以更优惠的价格订阅。

订阅模式是Midjourney社区可持续发展的保障，同时也为用户带来了更好的绘画体验。

2.3.2　不同订阅计划的区别

在订阅的过程中，我们需要提供必要的信息并进行付费确认。Midjourney社区提供了4种不同的订阅级别，让用户根据自己的需求和预算来选择合适的订阅方案。订阅方案包括按月付费和一次性支付整年费用两种选择。每个订阅计划都会赋予用户相应的特权和功能，包括访问Midjourney会员画廊、加入官方Discord社区等。这些特权将使用户在社区中获得更加丰富和优质的绘画体验。不同订阅计划的比较，如图2-21所示。

	基本计划	标准计划	专业计划	超级计划
每月订阅费用	$10	$30	$60	$120
年度订阅费用	96 美元（8 美元/月）	288 美元（24 美元/月）	576 美元（48 美元/月）	1152 美元（96 美元/月）
快速的图形处理时间	3.3 小时/月	15 小时/月	30 小时/月	60 小时/月
放松 GPU 时间	-	无限	无限	无限
购买额外的 GPU 时间	$4/小时	$4/小时	$4/小时	$4/小时
在您的私信中单独工作	✓	✓	✓	✓
隐身模式	-	-	✓	✓
最大并发作业数	3 作业 10 作业在队列中等待	3 作业 10 作业在队列中等待	12 快速作业 3 轻松作业 10 队列中的作业	12 快速作业 3 轻松作业 10 队列中的作业
评价图像以赚取免费 GPU 时间	✓	✓	✓	✓
使用权限	一般商业条款*	一般商业条款*	一般商业条款*	一般商业条款*

图2-21　不同订阅计划的比较

在Midjourney的订阅计划中，用户可根据绘画使用需求做不同的选择。对于轻度使用者来说，10美元/月的套餐可以满足基本的需求，这个套餐提供了3.3小时/月的快速GPU时间，适合偶尔进行绘画创作的用户；如果用户的绘画需求较多，需要更多的GPU时间和特权，那么30美元/月的套餐是更好的选择，这个套餐提供了15小时/月的快速GPU时间，同时还包括无限放松GPU时间和其他特权。而对于那些需要更多支持和更大创作空间的用户，60美元/月和120美元/月的套餐可能是更合适的选择。

温馨提示

GPU时间是指在Midjourney订阅计划中，用户可以使用的计算机图形处理单元（GPU）的时间，而非我们常说的自然时间。快速GPU，简单来说就是成图更快；放松GPU，简单来说就是成图较慢。读者可以根据自己的需要选择成图模式，以便合理使用订阅计划中不同的GPU时间。

2.3.3 如何进行 Midjourney 订阅

用户登录后，有3种方式可以进行Midjourney订阅，分别为：使用“/subscribe”指令生成指向订阅页面的个人链接；访问网址Midjourney.com/account；访问网址https://www.midjourney.com/app/，并从左侧边栏中选择Manage Sub。

下面我们以使用“/subscribe”指令为例，进行Midjourney订阅操作。

1 选中Midjourney服务器，在底部输入框中输入“/subscribe”指令，然后按Enter键，如图2-22所示。

2 收到指令后，Midjourney Bot回复了一条指向订阅页面的个人链接，并提示不要将此链接分享给他人，如图2-23所示。单击该信息中的链接，可跳转到订阅页面。

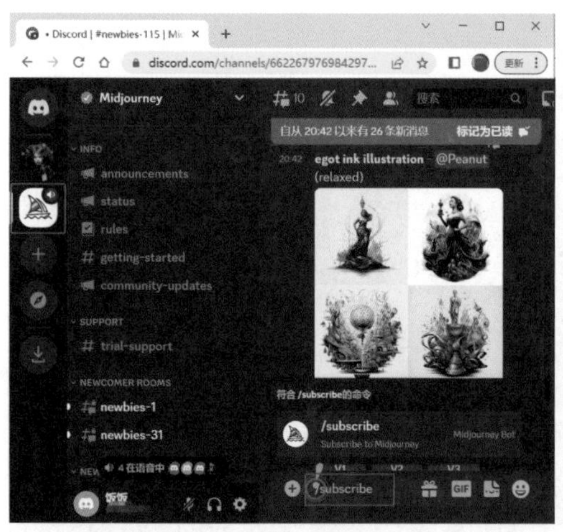

图2-22　输入“/subscribe”指令

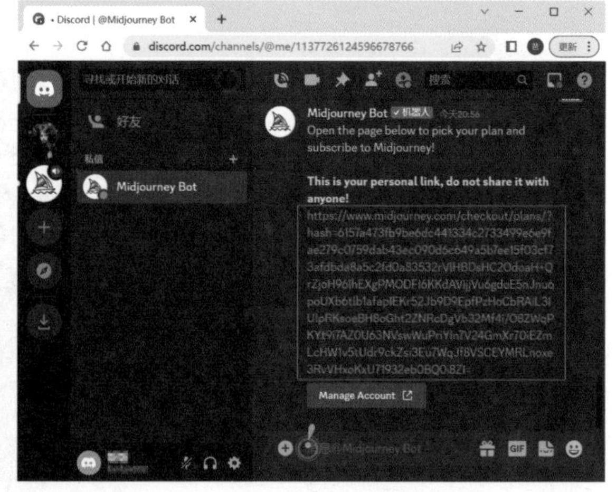

图2-23　指向订阅页面的个人链接

3 选择需要的计划，如图2-24所示。

4 进入支付界面，依次填入支付信息，单击“订阅”按钮即可，如图2-25所示。至此，完成了Midjourney订阅。

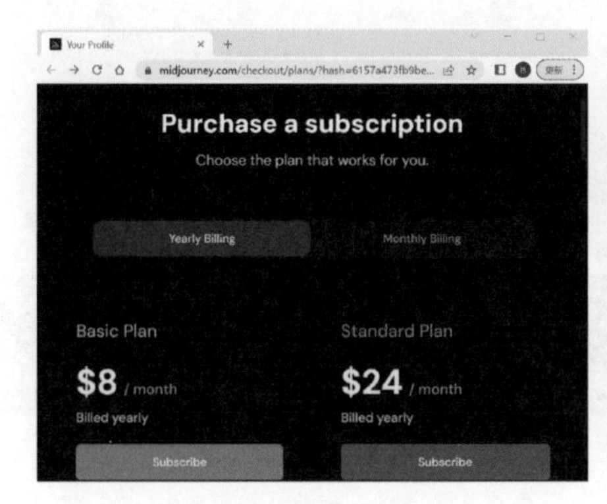

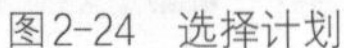
图2-24　选择计划

图2-25　支付界面，完成订阅

2.3.4　如何取消Midjourney连续订阅

Midjourney订阅默认为连续订阅的模式，如果用户并不希望每个月自动订阅，可以按照以下步骤进行取消操作。

1 访问http://www.midjourney.com/，单击右下角的“Sign In”按钮进行登录，如图2-26所示。

2 输入电子邮箱地址或电话号码、密码，单击“登录”按钮，如图2-27所示。

图2-26　单击“Sign In”按钮进行登录

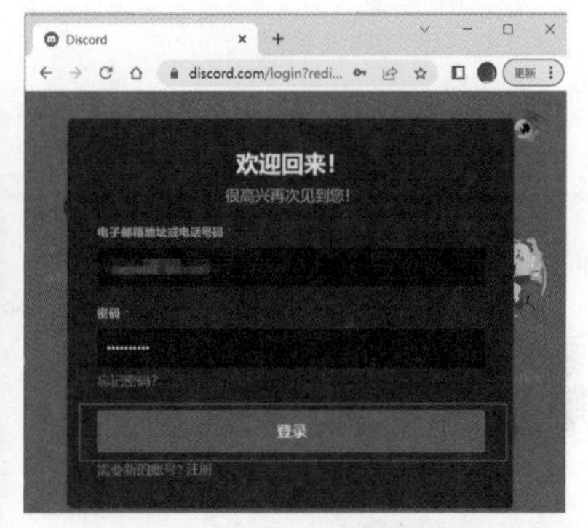

图2-27　登录页面

3 单击“授权”按钮，如图2-28所示。

4 单击左侧边栏的“Manage Sub”按钮，进入订阅管理页面，如图2-29所示。

图2-28　授权页面

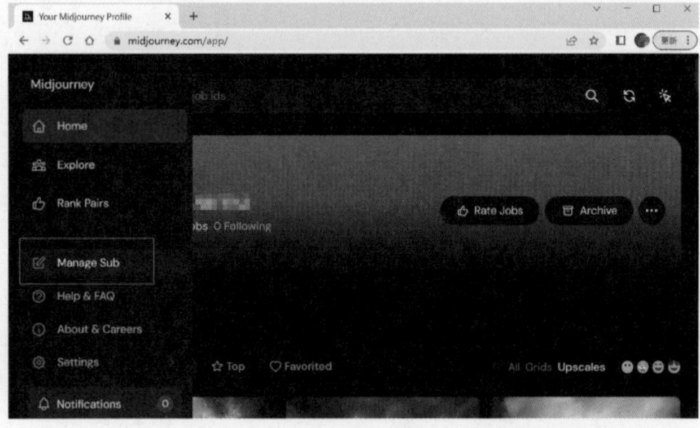

图2-29　单击“Manage Sub”按钮

5 找到Billing & Payment板块，单击下方的“Billing & Invoice Details”按钮，如图2-30所示。

6 单击“取消方案”按钮，如图2-31所示。

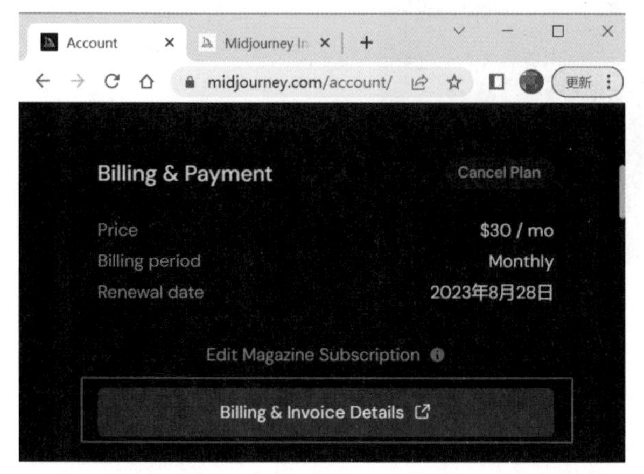

图2-30　单击“Billing & Invoice Details”按钮

图2-31　单击“取消方案”按钮

7 经过上步操作，显示出图2-32所示的确认页面。单击“取消方案”按钮，确认取消连续订阅方案，完成取消设置。

图2-32　确认取消方案

本章小结

在本章中，我们学习了注册Midjourney账号的方法，包括Discord官网注册及电子邮件验证等操作。随后，我们使用注册账号完成登录操作，并进入Midjourney社区主页。为了获取绘画功能权限，我们进行了Midjourney订阅。在订阅过程中，我们了解了不同类型的订阅计划及其区别，这有助于我们更好地选择合适的订阅计划。此外，我们还学会了如何取消默认的连续订阅设置，以便更灵活地进行订阅调整。

通过对本章的学习，我们成功注册了Midjourney的账号，登录了Discord平台，进入了Midjourney社区，并订阅了合适的计划，获取了绘画功能权限。现在，我们已经做好了充分的准备，可以在Midjourney上充分发挥创作和设计的想象力，以创作出独特的作品。在下一章中，我们将初次尝试绘画操作，敬请期待更多精彩内容的呈现。

03 CHAPTER

第3章

Midjourney 绘画初体验

本章导读

本章我们将详细介绍Midjourney的基础功能和初步操作，重点针对Discord电脑客户端操作提供详细的指导，让读者能够轻松上手。

我们先介绍使用Discord电脑客户端进入Midjourney服务器的方法，然后介绍Midjourney Bot的使用方法，并演示Midjourney生图的基础操作，让读者了解如何使用图片生成指令、图片变换，以及图片升档等功能。通过对本章的学习，读者将逐步熟悉Midjourney的各项基础功能和操作，掌握使用Midjourney的基本技巧，为读者在后续章节中更深入地探索Midjourney的高级功能和创造性应用打下坚实的基础。

3.1 Discord电脑客户端登录Midjourney服务器

Midjourney的使用途径有3种：Web网页版、Discord电脑客户端及Discord手机客户端。这3种方式的功能基本一致，但操作方式略有差异。接下来，我们将向读者详细介绍通过Discord电脑客户端登录Midjourney服务器的操作方法。

温馨提示

Midjourney以架设在Discord社区上的服务器形式推出，并未开发独立软件。

3.1.1 Discord电脑客户端下载、安装和登录

与网页版不同，电脑客户端可以直接通过桌面快捷方式启动访问，并且可以最小化至右下角任务栏，在系统后台运行，使用时再唤醒。对于需要长时间使用Midjourney生图的用户来说，使用电脑客户端是一个不错的选择。

接下来，我们将详细介绍Discord电脑客户端下载、安装和登录的操作步骤。

1 进入Discord官网，单击首页"Download for Windows"（下载Windows版）按钮进行Discord电脑客户端安装包下载，如图3-1所示。

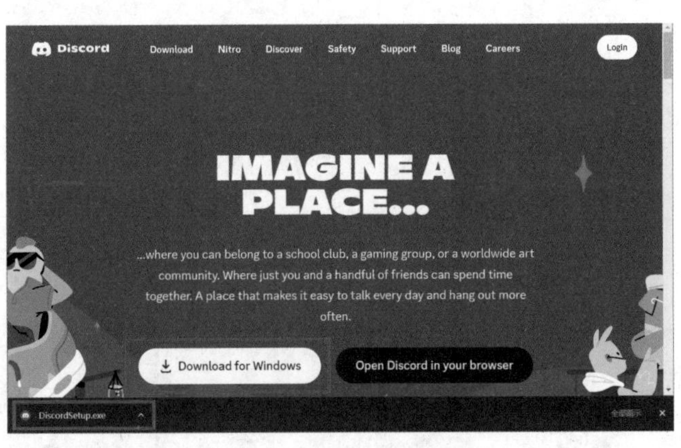

图3-1　下载Discord安装包

温馨提示

此处实例使用的是谷歌浏览器，安装文件下载完毕默认显示在浏览器下方，单击即可打开。对于其他浏览器，请读者在下载地址中寻找安装文件"DiscordSetup.exe"。

2 单击打开"DiscordSetup.exe"安装文件，系统自动运行程序进行Discord电脑客户端安装，如图3-2所示。

3 Discord电脑客户端安装完成后，软件自动跳转至登录页面，登录页面如图3-3所示。

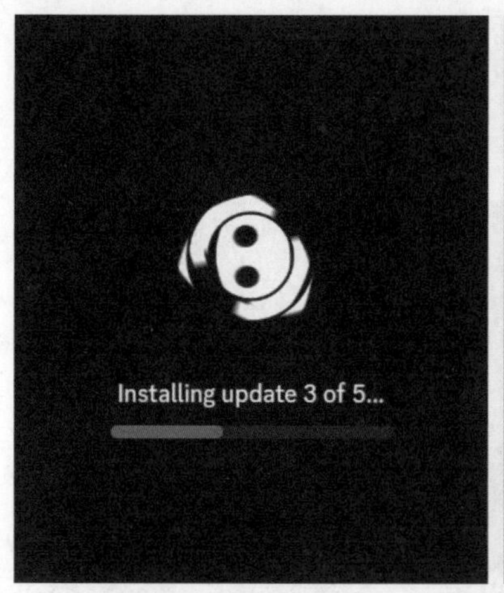

图3-2　运行Discord安装程序

图3-3　Discord电脑客户端登录页面

4 在登录页面输入注册时的电子邮箱地址或电话号码和密码，单击“登录”按钮进行登录操作，如图3-4所示。

5 Discord电脑客户端登录成功后，页面将跳转至Midjourney社区首页，如图3-5所示。

图3-4　进行登录操作

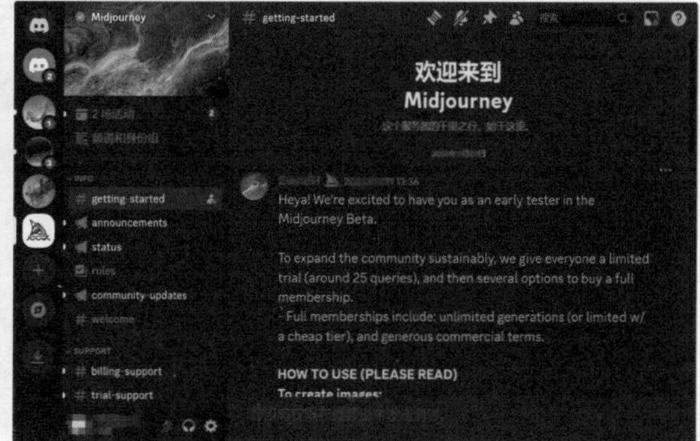

图3-5　Midjourney社区首页

3.1.2　熟悉 Discord 平台界面

在使用Midjourney生图前，我们需要先熟悉Discord平台的界面和基础设置，以帮助我们更好地运用Midjourney。Discord的主界面主要分为4个区域：服务器清单、频道清单、主视口及成员名单，界面如图3-6所示。

Discord主界面的最左侧是服务器清单。在Discord平台中，除了Midjourney社群，还有许多其他领域的社群团体。当用户加入或新建其他社群服务器后，这些服务器也会出现在左侧的服务器清单中，用户只需单击相应的服务器，即可快速切换并进入该服务器。

服务器清单的右侧是频道清单。Discord平台中的社群可以在自己的服务器中新建多个子频道，用于实现不同的话题主题和功能。以Midjourney为例，其服务器下的子频道非常丰富，有活动发布区、近期更新内容、社区规则、新人试用频道、图片生成频道及提示词讨论区等。

Discord主界面的中部则为主视口。主视口作为显示频道具体内容的区域，非常重要。以Midjourney为例，生成的成图及后续与Midjourney Bot的互动，都在主视口区域完成。

Discord主界面的最右侧为成员名单。在成员名单中可以查看该服务器的成员，包括开发人员、问答机器人、在线会员等。

图3-6　Discord主界面

> **温馨提示**
>
> 我们可以将Discord的系统显示语言设置为中文，但此处语言设置仅对Discord系统的显示语言有效。Midjourney的图片生成及机器人对话依然需要使用英语。

3.2 使用Midjourney Bot指令

在Midjourney中，通过与Midjourney Bot进行指令交互来生成图片。目前，有3种方式可以与Midjourney Bot进行指令交互：通过公共频道或通过私信与Midjourney Bot对话，以及邀请Midjourney Bot加入私人服务器进行对话。读者可以选择符合需求的交互方式，我们推荐第三种方式，即邀请Midjourney Bot加入私人服务器进行对话，下面将进行详细讲解。

3.2.1 通过私人服务器方式邀请Midjourney Bot加入

通过私人服务器邀请的方式是将Midjourney Bot邀请至用户自己新建的私人服务器，并在私人服务器内与Midjourney Bot进行指令交互。这种方式结合了通过公共频道或通过私信与Midjourney Bot对话的优点，并且具有更大的灵活性和管理便利性。

通过邀请Midjourney Bot至私人服务器，用户可以在服务器内创建多个子频道，针对不同的主题或风格进行图片生成，从而更好地管理和组织图片及内容。用户还可以根据需求自由设定频道的规则、主题和访问权限，使整个过程更加方便和有序。然而，相对于其他两种方式，通过私人服务器邀请Midjourney Bot的设置会稍微复杂一些，需要用户对Discord服务器的管理和设置有一定的了解。总的来说，通过私人服务器邀请的方式是一种综合了其他两种方式优点的选择，尤其适合需要更多定制化和管理便利性的用户。

接下来，我们将详细介绍通过私人服务器邀请Midjourney Bot的操作步骤。

3.2.2 新建私人服务器

建立私人服务器，可以更专注于自己的生图操作，避免干扰，还可以划分子频道，便于分类。下面我们来了解一下操作步骤。

1 登录Discord平台，单击左侧服务器清单下方的■（添加服务器）按钮，开始新建私人服务器，如图3-7所示。

2 单击■（添加服务器）按钮后，系统会弹出“创建服务器”选项框。单击“创建服务器”选项框中第一项“亲自创建”选项，如图3-8所示。

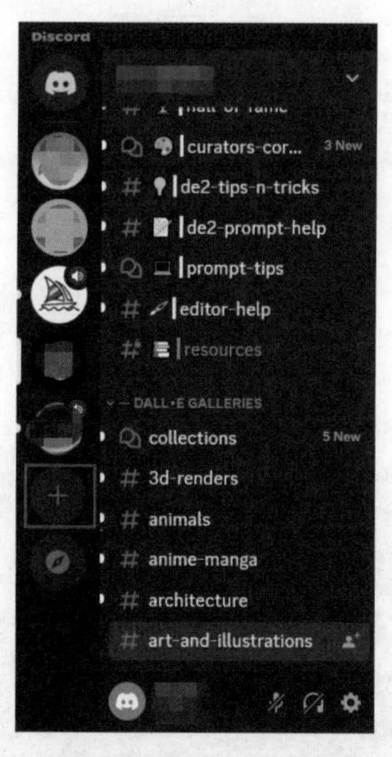

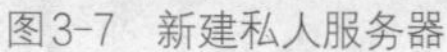
图3-7 新建私人服务器

图3-8 单击“亲自创建”选项

3 单击“亲自创建”选项后，进入新建私人服务器流程，单击“仅供我和我的朋友使用”选项，如图3-9所示。

4 接下来，跳转至私人服务器自定义界面，在“服务器名称”文本框中输入“Mid教程”，对私人服务器进行命名，如图3-10所示。

温馨提示

“服务器名称”用于对新建的私人服务器进行命名，读者在实际操作中填写自己喜欢的名称即可。

图3-9　单击“仅供我和我的朋友使用”选项

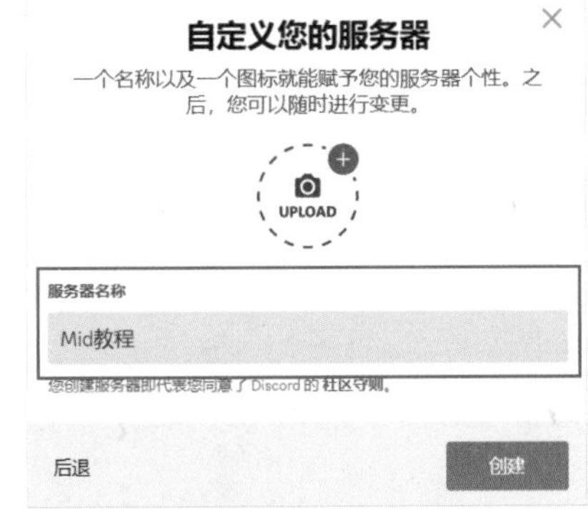

图3-10　给私人服务器命名

5 服务器名称输入完成后，上传服务器头像，单击自定义界面的⊕（图片上传）按钮，在弹出的文件选择框中选择图片上传，如图3-11所示。

6 服务器头像上传完成后，自定义界面将自动显示上传后的头像，单击“创建”按钮，等待系统自动跳转至私人服务器首页，即创建成功，如图3-12和图3-13所示。

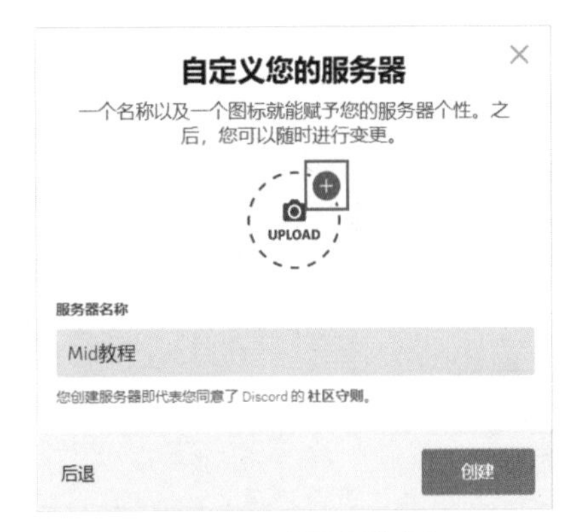

图3-11　上传服务器头像

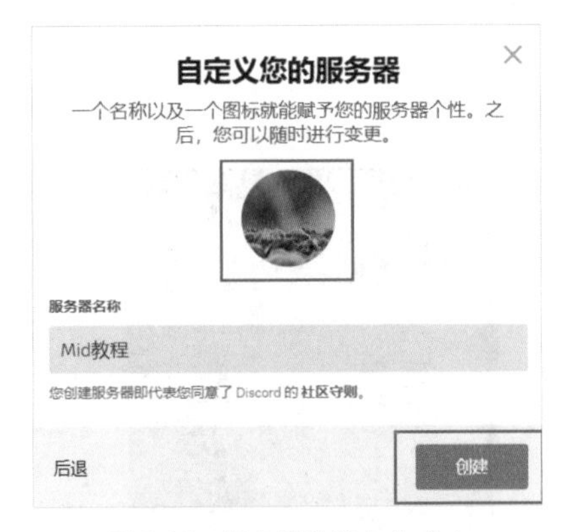

图3-12　服务器头像上传成功

图3-13　私人服务器首页

3.2.3　在私人服务器中添加 Midjourney Bot

私人服务器创建成功后，切换回Discord主界面，将Midjourney Bot添加至私人服务器。

1 在Discord主界面右侧的成员名单中找到Midjourney Bot，单击“Midjourney Bot”弹出详情窗口，如图3-14所示。

2 单击Midjourney Bot详情窗口的“添加至服务器”按钮，如图3-15所示。

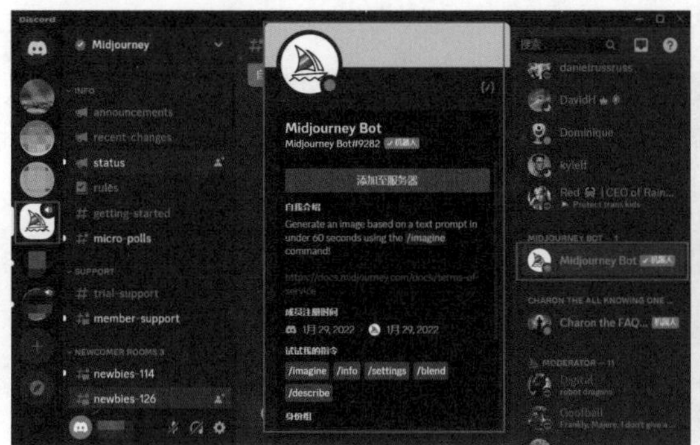

图3-14　Midjourney Bot详情窗口

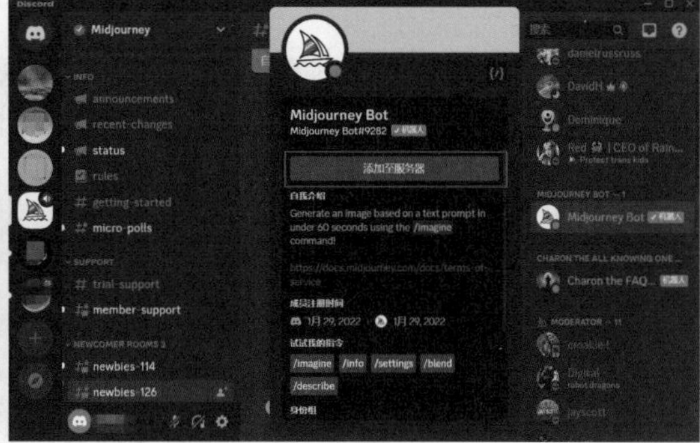

图3-15　单击“添加至服务器”按钮

3 在弹出的服务器选择对话框中选择前文新建的私人服务器“Mid教程”，单击“继续”按钮，如图3-16所示。

4 进入服务器授权对话框，保持系统默认勾选的选项不变，直接单击“授权”按钮进行授权，如图3-17所示。

5 授权后，进入人机验证页面，选中“我是人类”，开始人机验证，如图3-18所示。

6 根据题目要求，选择正确的图片，单击“检查”按钮通过验证，如图3-19所示。

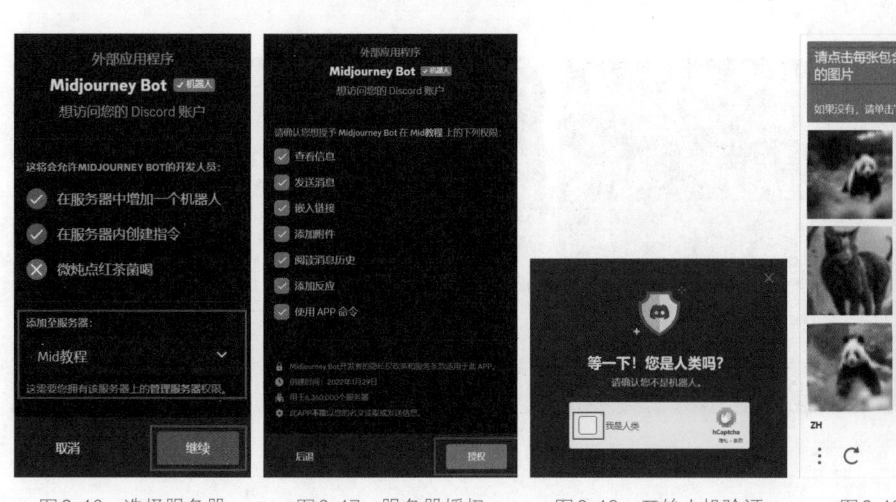

图3-16　选择服务器　　图3-17　服务器授权　　图3-18　开始人机验证　　图3-19　人机验证题目

温馨提示

人机验证的题目会实时变化，中英文都有可能出现，读者根据题目要求选择正确答案即可。

3.2.4 在私人服务器中与Midjourney Bot进行交互

在私人服务器中可以输入指令与Midjourney Bot进行交互，指令可用于创建图像、更改默认设置、查看用户信息等。下面让我们尝试与Midjourney Bot进行交互。

1 验证通过后将弹出授权成功通知，单击“前往Mid教程”按钮，将跳转至私人服务器，与Midjourney Bot进行交互，如图3-20所示。

2 进入私人服务器，此时Midjourney Bot已出现在私人服务器的成员名单中，如图3-21所示。

图3-20 授权成功通知

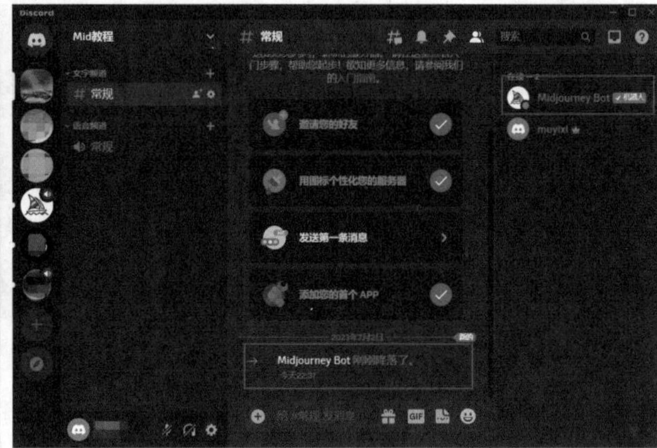

图3-21 进入私人服务器

3 在私人服务器下方的输入框中输入“/info”指令，按Enter键，向Midjourney Bot发送指令，如图3-22所示。

4 Midjourney Bot接收指令后，以对话形式直接回复用户，用户与Midjourney Bot的此轮交互完成，如图3-23所示。

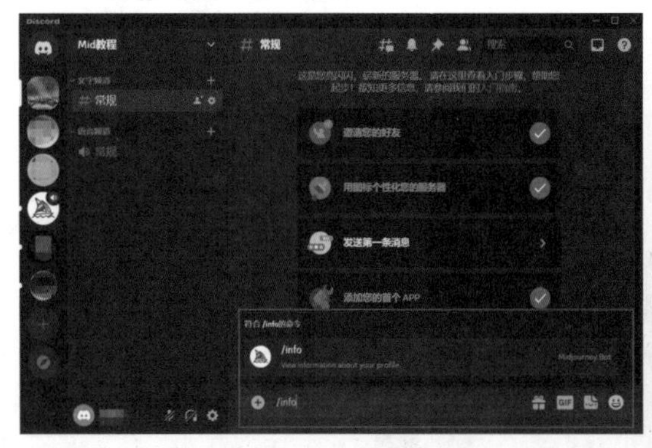

图3-22 在私人服务器中向Midjourney Bot发送指令

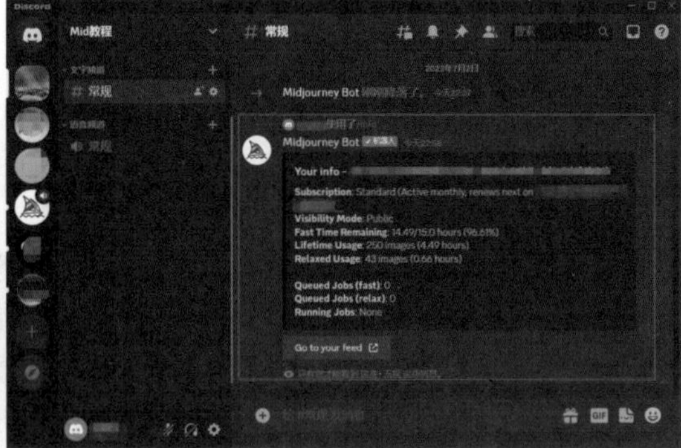

图3-23 Midjourney Bot回复消息

3.3 Midjourney生图的基础操作

在本节中，我们将介绍Midjourney的基础操作，以便读者能够快速上手并开始探索。本节内容包括以下几个方面。

- **图片生成指令：** 快速了解如何使用指令与Midjourney Bot进行交互，生成各种类型的图片。
- **图片变换：** 快速了解对已生成图片的变换操作，迅速地尝试不同图片内容。
- **图片升档：** 快速学会对满意的图片进行升档处理，丰富细节。
- **成图保存及分享：** 学习如何保存和分享生成的图片作品。
- **重做图片：** 需要更多生图尝试时，在不重复输入提示词的情况下实现一键化重做图片。
- **平移图片：** 对升档后的成图进行平移处理。
- **缩小图片：** 对升档后的成图进行缩小处理。

通过掌握这些基础操作，读者能够更加自如地使用Midjourney进行图像生成和创作。接下来，我们将进行详细演示。

3.3.1 图片生成指令

Midjourney最主要的指令为“/imagine”图片生成指令，此指令的应用方式主要有3种，分别为文生图、图生图和混合生图。其中，文生图是通过向Midjourney Bot发送文本提示词来生成图片；图生图是通过提供图片及一些形容词来生成图片；混合生图则是在生成过程中综合运用文生图和图生图的方式。

在本小节中，我们将重点介绍文生图形式的图片生成指令应用，通过“/imagine”指令发送文本提示词，让Midjourney Bot根据提示词生成相应的图片。另外两种生图模式和实战演示，将会在第6章的“6.2 如何使用Midjourney生图”中详细介绍。下面是使用Midjourney生成图片的具体操作步骤。

1 登录Midjourney服务器，切换至之前新建的私人服务器“Mid教程”，在底部的输入框中输入“/imagine”指令，按Enter键，出现“prompt”文本框，在“prompt”文本框中输入提示词“A photograph of a cabin in the woods.”（一张林中小屋的照片），按Enter键发送，如图3-24所示。

2 Midjourney Bot接收指令后进行图片生成，并以四宫格形式回复4张初始图片，如图3-25所示。

图3-24 发送“/imagine”指令

图3-25 生成初始图片

3 单击初始图片，弹出图片预览页面，单击预览页面左下方的“在浏览器中打开”，如图3-26所示。

4 进入图片高清预览页面，在图片上单击进行放大操作，可以更清晰地观察图片的细节，如图3-27所示。

图3-26　图片预览页面

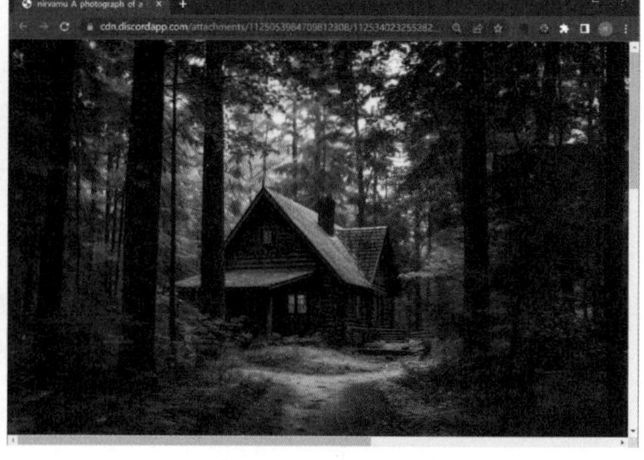

图3-27　图片高清预览页面

温馨提示

因AI图片生成的随机性及操作系统环境的不同，读者实际操作所得图片可能与本书示例有所不同。

以上介绍了Midjourney的图片生成指令的应用，接下来我们将讲解初始图片的变换。

3.3.2　图片变换

Midjourney Bot生成初始图片后，我们可以挑选其中一张继续执行变换操作。该操作是以所选图片为底图，进行构图和画面细节的调整变换，并重新生成4张图，为读者提供更丰富的图片选择。变换操作通过单击初始图片下方的V1~V4按钮即可实现。按钮中的“V”表示“Variation”（变换），“V”后的数字1~4则依次代表初始四宫格左上、右上、左下、右下的图片。

接下来我们将以初始图片的第四幅为例，演示变换操作。

1 单击初始图片下方的“V4”按钮，对第四幅图进行变换，如图3-28所示。

2 Midjourney Bot接收指令后进行图片变换，并以四宫格形式回复重新生成的4张图片，如图3-29所示。

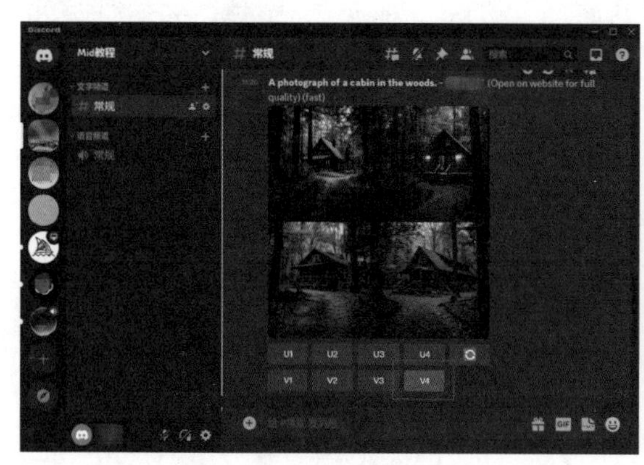

图3-28　发送变换指令

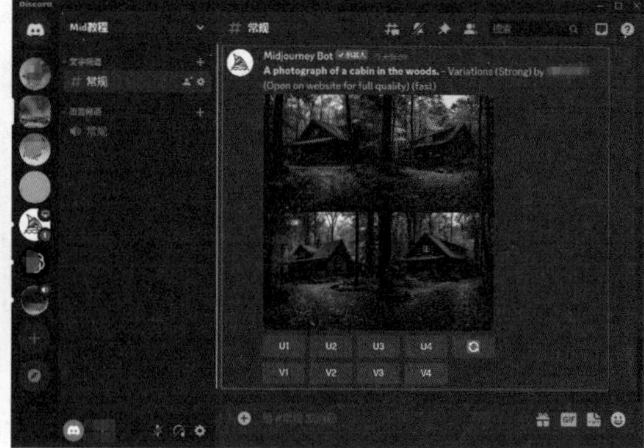

图3-29　图片变换

此轮图片变换交互完成，读者可以放大图片预览细节。若对图片不满意，可以继续重复变换操作步骤，直至出现满意的图片后执行图片升档操作，输出单张分辨率更高、画面细节更丰富的成图。

3.3.3　图片升档

图片升档操作可以提升生成图片的质量和细节，使其更适用于打印、展示或其他高要求的应用场景。

升档操作通过单击变换后图片下方的U1~U4按钮即可实现。按钮中的“U”表示“Upscale”（升档），“U”后的数字1~4则依次代表四宫格左上、右上、左下、右下的图片，按钮如图3-30所示。

本小节我们将在前文变换图片的基础上，对第二幅图进行升档处理。

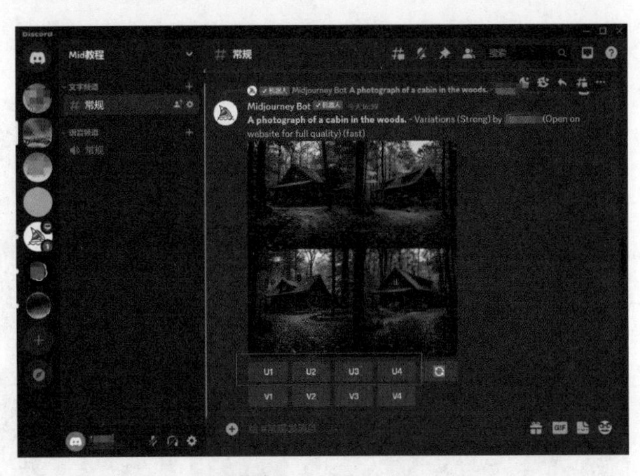

图3-30　U1~U4按钮

1 单击变换图片下方的“U2”按钮，对第二幅图进行升档，如图3-31所示。

2 Midjourney Bot接收指令后进行图片升档，并回复单张成图，如图3-32所示。

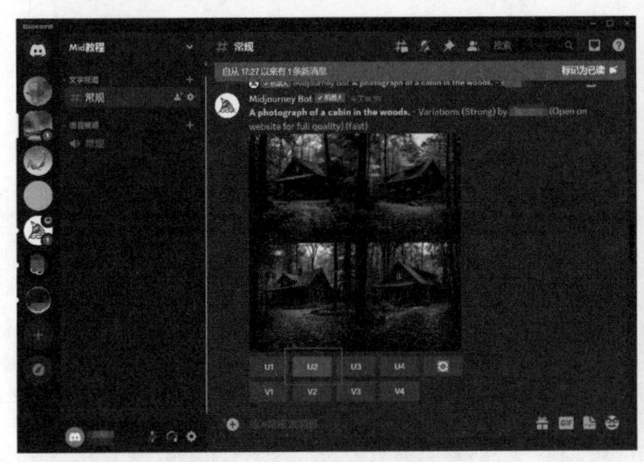

图3-31　图片升档

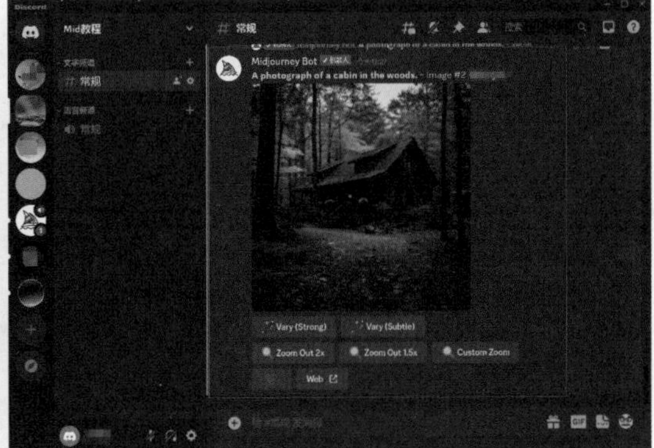

图3-32　升档成图

温馨提示

“Vary（Strong）”和“Vary（Subtle）”分别表示“强变化”和“弱变化”。“Vary（Strong）”生成的图片与原图的相似度低，“Vary（Subtle）”生成的图片与原图相似度高。

此轮图片升档交互完成，接下来读者可以对成图进行保存或分享。

3.3.4　成图保存及分享

当Midjourney Bot生成了我们满意的成图后，可以选择将其分享到相关联的社交平台，或保存图片至计算机。

1. 保存图片

单击成图将其放大，然后单击图片左下方的“在浏览器中打开”，跳转至新窗口预览高清图片，接着在新窗口的高清图片上右击，选择“图片另存为”选项保存作品至计算机，成图如图3-33所示。

2. 分享图片

单击成图下方的“Web”按钮，系统将自动分享成图至Midjourney社区展示板块，如图3-34所示。在该板块用户可以查阅已生成的图片，也可以查看其他会员的作品。

图3-33 保存的成图

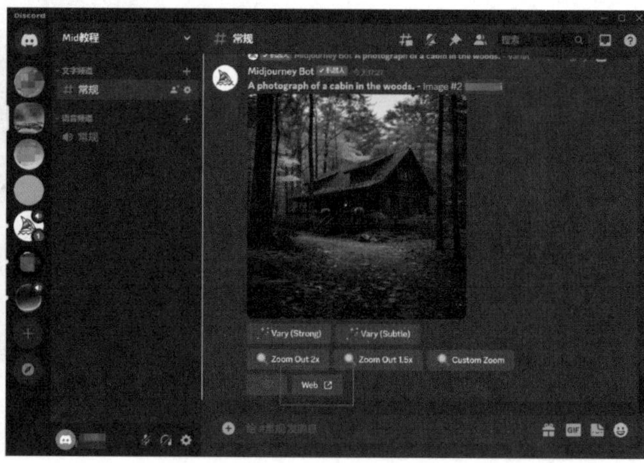

图3-34 分享成图

3.3.5 重做图片

在Midjourney图片生成过程中，如果对图片整体的效果不满意，可以随时重做图片，对其进行构图和内容的重组。单击图片下方的（重做）按钮，如图3-35所示，Midjourney Bot将重新生成一组图片，如图3-36所示。

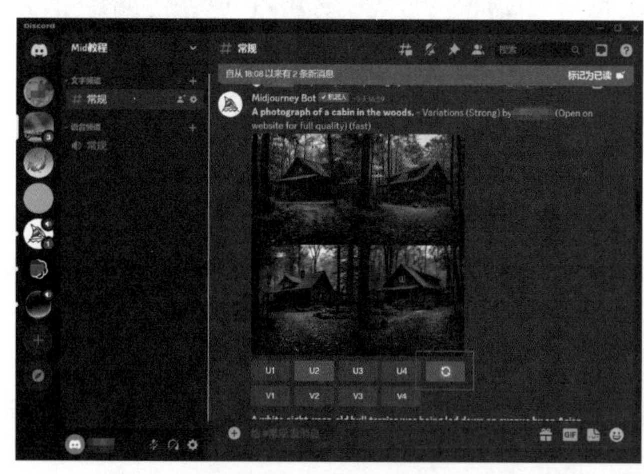

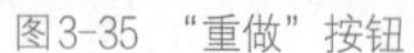

图3-35 “重做”按钮

图3-36 重做后的图片

以上是关于图片重做的详细内容，读者可以在实际应用中通过重新生成图片、调整提示词和选择合适的变换操作，来不断调整并优化生成的图像，以满足自己的需求和审美偏好。

3.3.6 平移图片

“Pan”（平移）按钮的作用是在不改变原始成图内容的情况下，按用户选择的方向扩展图像画布，新扩展的画布将在提示词和原始图像内容的双重引导下进行填充。该功能允许用户将图像分辨率在一个方向上增加最多1024像素×1024像素的尺寸。接下来，我们将通过实例演示来解析平移功能。

当我们得到一张升档成图后，"Pan"（平移）按钮将出现在成图的下方，箭头所指的方向即代表画布平移延展的方向，如图3-37所示。

在操作中，用户可以单击成图下方的 ➡ 按钮，Midjourney Bot将会重新生成4张平移后的图像，如图3-38所示。

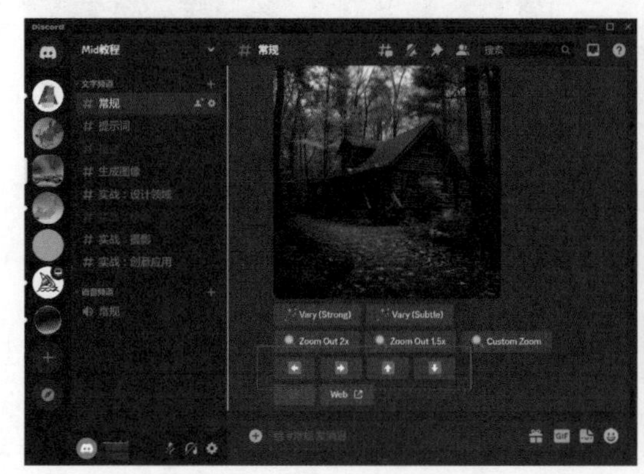

图3-37 "Pan"（平移）按钮

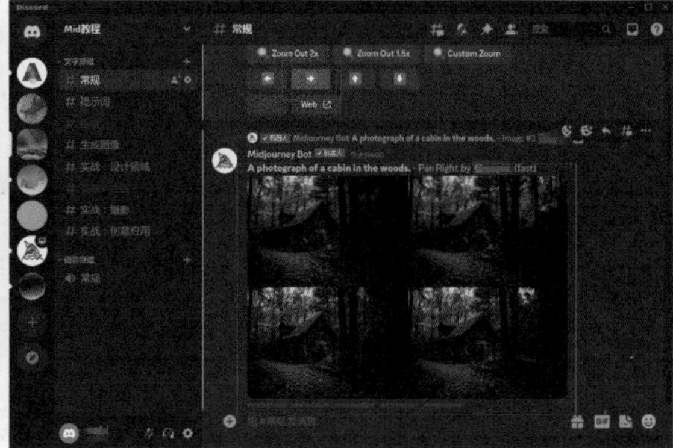

图3-38 平移后的图像

这样，我们就可以轻松地通过平移操作获得不同位置的图像，进一步丰富和扩展创作空间。需要注意的是，平移后的图像只能升档为成图，不能再执行图片变换操作。

3.3.7 缩小图片

"Zoom Out"（缩小图片）也是Midjourney针对升档成图推出的功能。该功能可以在不改变原始图像内容的情况下，对原始图像的边界进行扩展，从而缩小原始图像在画面中的比例。

当我们得到一张升档成图后，"Zoom Out"（缩小图片）相关按钮将会出现在成图的下方，如图3-39所示。

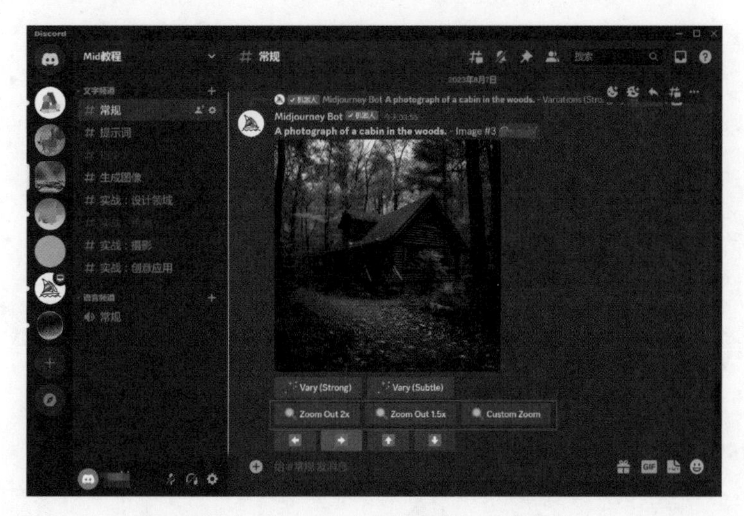

图3-39 "Zoom Out"（缩小图片）相关按钮

官方预设的缩小比例为“Zoom Out 1.5x”和“Zoom Out 2x”，效果如图3-40所示。同时，Midjourney也支持图片尺寸自定义，单击“Custom Zoom”（自定义缩放）按钮，在弹出对话框的文本框中输入自定义宽高比即可，如图3-41所示。

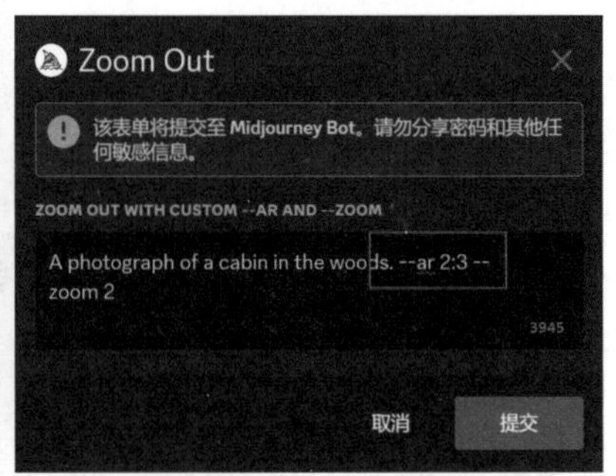

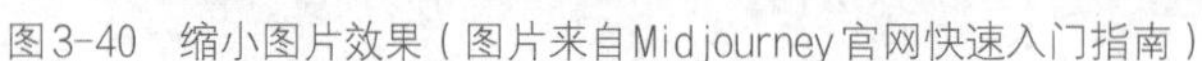
图3-40　缩小图片效果（图片来自Midjourney官网快速入门指南）

图3-41　自定义缩放比例

本章小结

在本章中，我们初次体验了Midjourney的功能和使用方式。先介绍了Discord电脑客户端的安装与登录，然后介绍了Discord的基本界面，接着详细介绍了如何使用私人服务器邀请Midjourney Bot加入，以及在私人服务器中与Midjourney Bot进行交互。在之后的部分，我们探索了Midjourney的基础操作，包括图片生成指令、图片变换、图片升档及成图的保存及分享等功能。最后，我们了解了如何重做图片、平移图片及缩小图片使成图达到更好的效果。

通过对本章的学习，我们已经具备了Midjourney的基础知识和操作技巧。在下一章，我们将介绍Midjourney的提示词运用技巧，帮助读者提升Midjourney生图应用水平。

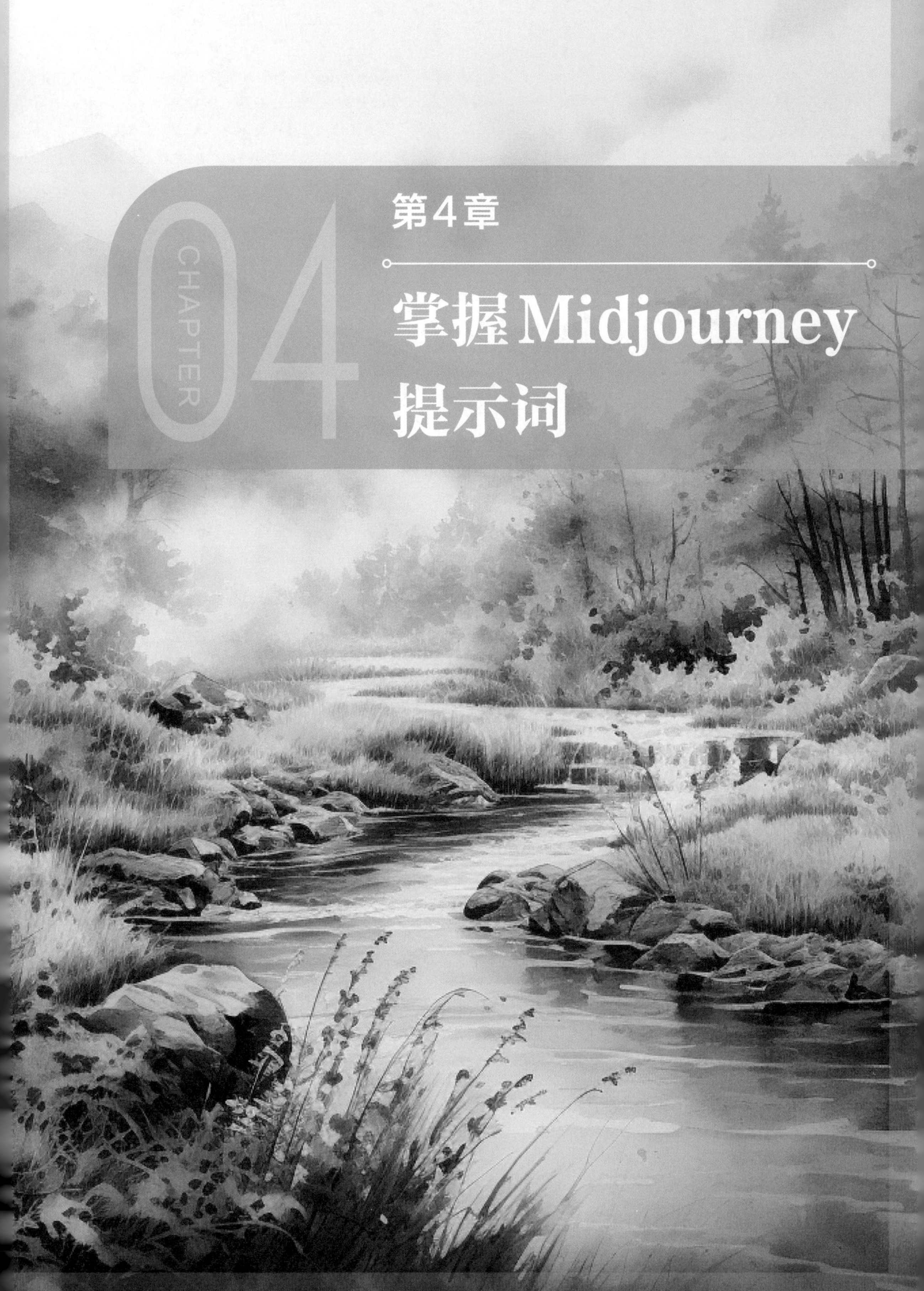

04 CHAPTER

第4章

掌握Midjourney提示词

本章导读

在Midjourney的生图创作中，提示词是非常重要的部分。本章将重点介绍如何编写有效的提示词，使Midjourney Bot生成令人满意的图像作品。

我们先学习提示词的结构，包括基本提示词、高级提示词、多重提示词和排列提示词。其中，基本提示词由简洁明了的提示词组成；高级提示词更具体详细，能够引导生成更个性化和独特的图像。接着，我们将重点关注提示词的要点，讨论提示词的长度、语法、焦点和细节，了解这些要点可以帮助读者编写更有效的提示词，确保生成的图像更符合预期。

在掌握了提示词的结构和要点后，我们将介绍辅助工具的使用方法，如翻译器、ChatGPT等，以提高提示词编写的准确性，同时为业余爱好者提供更多的文字灵感。我们还将进一步探讨如何控制提示词的变量，通过不同的短语和语法结构，创造出多样和独特的图像作品。最后，我们将介绍Midjourney Bot的“/describe”指令的运用，以帮助读者更好地参考图片编写提示词，使其与Midjourney Bot的理解和表达方式相匹配。

通过对本章的学习，读者将掌握构建有效提示词的技巧和方法，从而在Midjourney的创作中高效获得更符合预期的结果。

4.1 提示词结构

提示词是Midjourney Bot用于生成图像的文本短语。Midjourney Bot将提示词中的单词和短语分解为被称作“token”（词元）的小片段，这些词元可以与Midjourney Bot的训练数据进行比较，并用于生成图像。精心设计的提示词可以让Midjourney Bot创造出独特而令人兴奋的图像作品。

优秀的提示词具备形容准确，内容有趣、创新的特点。它能够使Midjourney Bot生成与众不同的图像，并展现出提示词作者独特的创意和审美。通过选择恰当的单词和短语，读者可以为Midjourney Bot提供明确的指导，以确保生成的图像符合预期和要求。同时，要编写好的提示词，需要注意语言的准确性，避免有歧义或模棱两可的表达。此外，创造力和想象力也是编写优秀提示词的关键，勇于尝试新颖的主题、奇特的组合或独特的观点，可以带来令人惊喜的创作结果。

总之，精心设计的提示词可以使Midjourney Bot生成的图像更好地体现其作者的意图。通过不断实践和尝试，读者将能够编写出让自己满意的提示词，创作出令人惊叹的AI作品。

接下来，我们将具体讲解提示词的结构。

4.1.1 基本提示词

在Midjourney中，基本提示词是基础的提示词写作形式，通常是单词、短语或表情符号。这些简洁的提示词可以作为触发词元，让Midjourney Bot生成相关的图像作品，如图4-1和图4-2所示。

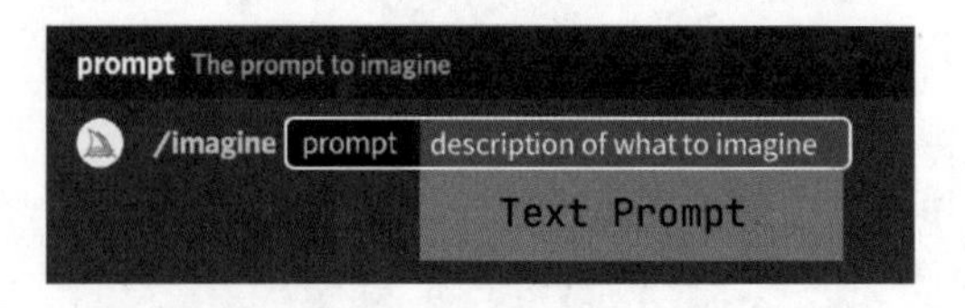

图4-1 Midjourney基本提示词
（图片来自Midjourney官网快速入门指南）

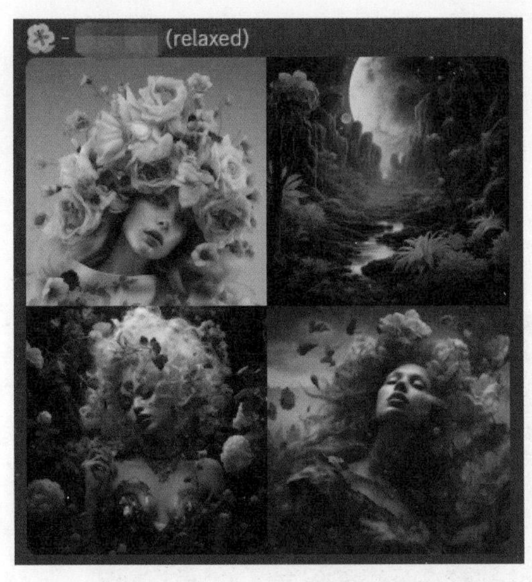

图4-2　Midjourney基本提示词生图

> **温馨提示**
>
> Midjourney更容易理解简洁、直接的提示词。例如，“Bright pink cherry blossoms drawn with colored pencils”（用彩色铅笔绘制明亮的粉色樱花）要优于“Show me a picture of lots of blooming cherry blossoms, make them bright, vibrant pink, and draw them in an illustrated style with colored pencils”（给我展示一张大量盛开的樱花的图片，将它们设置为明亮、充满活力的粉色，然后用彩色铅笔以插图风格绘制）。

4.1.2　高级提示词

高级提示词是更进阶的提示词写作形式，在基本提示词的基础上进行扩展，它们包含更多元素。通常，高级提示词可以包含多个图片网址、文本短语或句子，以及参数，通过灵活组合向Midjourney Bot提供更具体和详细的描述。

读者可以使用高级提示词，进一步细化和引导Midjourney生成图像的特定风格、主题或元素，如图4-3和图4-4所示。

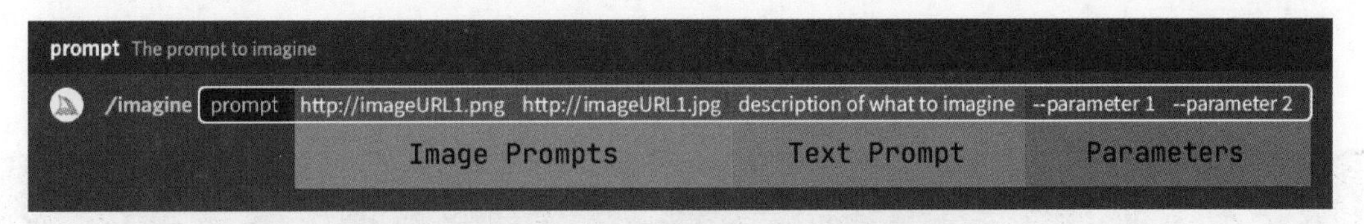

图4-3　Midjourney高级提示词（图片来自Midjourney官网快速入门指南）

图4-4　Midjourney高级提示词生图

> **温馨提示**
>
> 在Midjourney高级提示词的编写中，图片网址提示词位于最前面，文本提示词随后，参数提示词在末尾，每个提示词组合时均以空格隔开。

4.1.3 多重提示词

多重提示词是在文本提示词的基础上，向 Midjourney Bot提供更明确的分段式文本提示。其形式是使用“::”（双冒号），让Midjourney Bot单独考虑两个或两个以上的独立概念。例如，“太空船”（space ship）和“太空:: 船”（space:: ship）则意味着Midjourney Bot有两种不同的理解，“太空船”是将其作为一个整体进行图片生成，而“太空:: 船”则分别表达“太空”和“船”两种元素，如图4-5所示。

图4-5　多重提示词的区别1（图片来自Midjourney官网快速入门指南）

又如图4-6所示，“cheese cake painting”“cheese:: cake painting”和“cheese:: cake:: painting”则意味着Midjourney Bot有3种不同的理解：“cheese cake painting”是将其作为一个整体进行图片生成；“cheese:: cake painting”则分别表达“cheese”和“cake painting”两种元素；而“cheese:: cake:: painting”则分别表达“cheese”“cake”“painting”3种元素。

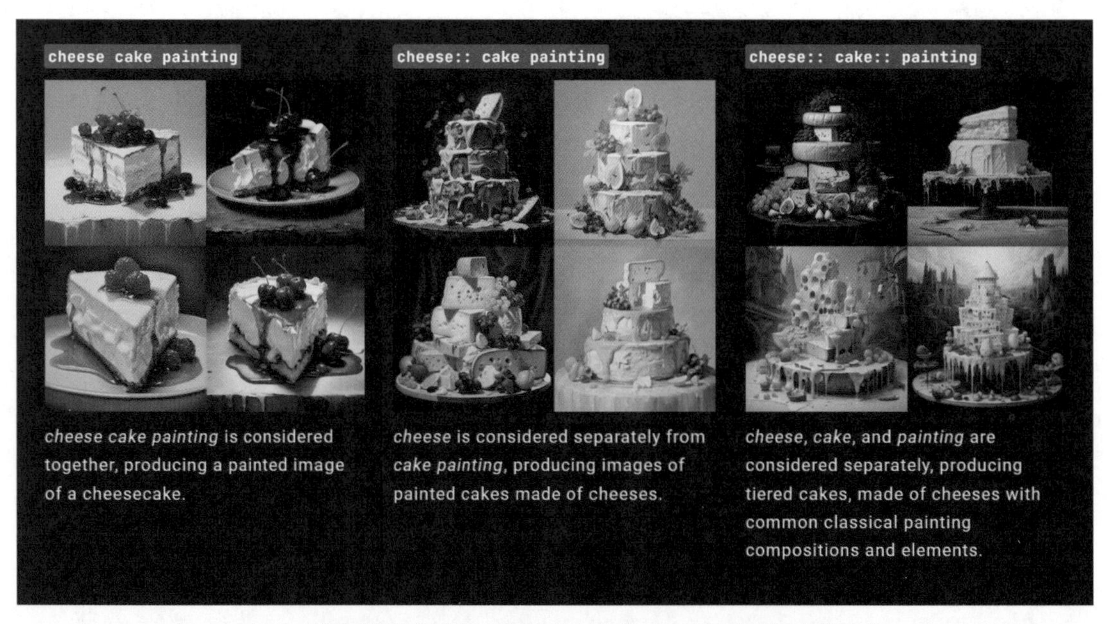

图4-6　多重提示词的区别2（图片来自Midjourney官网快速入门指南）

同样地，图4-7所示的“Sea island”和“Sea:: island”意味着Midjourney Bot有两种不同的理解，“Sea island”是将其作为一个整体进行图片生成；“Sea:: island”则分别表达“Sea”和“island”两种元素。

图4-7　多重提示词生图：Sea island（左）和Sea:: island（右）

除此之外，“::”还可以控制前后文本在画面表达中的权重。“::”后无数值时，则默认前后文本权重相同，若“::”后添加正整数，则表示“::”前面的文本提示词相较于“::”后面的文本提示词的权重倍数。例如，“space::2 ship”，即意味着“space”元素在画面中的权重是“ship”元素的2倍，如图4-8所示。

图4-8　多重提示词权重（图片来自Midjourney官网快速入门指南）

温馨提示

“::”与后缀参数“--iw（Image Weight）”不同，前者是控制文字与文字间的权重，后者是控制图片与文字间的权重。

4.1.4 排列提示词

“Permutation Prompts”（排列提示词）是使用单个“/imagine”指令快速生成多个变体提示词，并让Midjourney Bot对每个变体提示词分别生成图片。该方法可以在需要大量控制变量生图时为用户节省时间。

排列提示词使用的格式是以“{ }”（大括号）的形式，将变量元素依次排列在大括号内，每个元素间以逗号隔开。例如，“{蓝色，紫色，红色，绿色}”即表示分别生成“蓝色，紫色，红色，绿色”4条变体提示词。

具体应用在提示词中，文本表现如下。

输入提示词“a {cat, dog, fish, bird, rabbit} swimming in a lake”（一只{猫，狗，鱼，鸟，兔子}在湖中游泳）。

Midjourney Bot生成5条变体提示词及相应的图像，变体提示词如下。

（1）提示词一：“a cat swimming in a lake”（一只猫在湖中游泳）。

（2）提示词二：“a dog swimming in a lake”（一只狗在湖中游泳）。

（3）提示词三：“a fish swimming in a lake”（一条鱼在湖中游泳）。

（4）提示词四：“a bird swimming in a lake”（一只鸟在湖中游泳）。

（5）提示词五：“a rabbit swimming in a lake”（一只兔子在湖中游泳）。

温馨提示

排列提示词不仅可以用于文本提示词，还可以用于后缀参数，如“{--ar 2:3, --ar 16:9, --ar 3:4}”等。若同一提示词内包含多个“{ }”变量，则前后变量分别依次排列组合，生成的变体提示词数量为前后变量数的乘积。例如，提示词中分别有“{5个元素}+{3个元素}”，则变体提示词数量为“5×3=15”个。

4.2 提示词要点

在前文中，我们介绍了Midjourney提示词的结构，这可以确保我们以正确的格式编写提示词，以便Midjourney Bot正确识别并理解。除此之外，长度、语法、焦点和细节也会影响提示词的效果。接下来，我们将对其分别进行讲解。

4.2.1 长度

Midjourney提示词长度是指提示词包含的内容丰富度，其非常灵活，可以是单词、短语或表情符号，也可以是复杂的结构，如结合网址、参数等的复合提示词。

提示词较短时，会带有更强的Midjourney自身AI风格；提示词较长时，会更易展现作者的意图，如图4-9和图4-10所示。但是，提示词长度并不能直接决定生成的图像质量是否符合作者的要求，更重要的是提示词能否准确描述所需的图像效果。

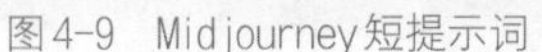
图4-9　Midjourney短提示词

图4-10　Midjourney长提示词

4.2.2　语法

Midjourney语法是指Midjourney Bot可以理解的文本编写格式。Midjourney Bot解析提示词时，不考虑英文字母的大小写，也不理解人类语言的语法结构，因此我们需要斟酌用词，以更具体的、更本土化的、更简洁的词向其发出指令。例如，可以尝试使用“gigantic”“enormous”或“immense”来替代“big”，“A majestic mountain”（一座大山）要优于“A big mountain”（一座大山）。

温馨提示

“gigantic”“enormous”“immense”或“big”都表示“巨大的”，但在英语语境中，前三者比“big”形容得更具体，Midjourney Bot会理解得更加精准。

同时，在提示词的编写中，长度越短则意味着每个词语对Midjourney Bot的影响力越强，可以使用逗号、括号和连字符来组织提示词，将其分隔为更细致的形容单元，以此来帮助Midjourney Bot更好地理解提示词的含义。例如，“Designing a modern minimalist library with a sleek and minimalist exterior, captured from a bird's-eye view”（设计一栋现代简约风格的图书馆，外观时尚简洁，鸟瞰图），效果如图4-11所示。

图4-11　提示词语法应用

4.2.3　焦点

焦点是指在提示词编写过程中，先聚焦于描述需表达的画面主体。

Midjourney Bot更易理解具体且肯定的描述，即提示词作者需要告诉Midjourney Bot生成的图像中有什么，而不是模糊地说图像中没有什么。例如，“A pink cat strolling by the lake with pear blossoms gently falling around”（一只粉色的猫在湖边漫步，四周有很多梨花飘落）要优于“Generate an image without dogs, houses, and a stream”（生成一张没有狗、房子和小溪的图像）。

因此，在提示词编写过程中，我们要先聚焦于描述图片的主体，明确了画面表达的主体元素后，再进行细节的扩展。

4.2.4 细节

细节则是对需要Midjourney Bot生成的图片进行详细描述。确立图片的主题后，对其细节进行扩展。例如，确立图片的主题内容为“car”（车），然后扩展为“A sports car zooming on a highway, with the roadside adorned with flowers and plants”（一辆跑车在高速公路上疾驰，路边点缀着花草）。

然而，在进行细节扩展的过程中，用户常因想表达的信息繁复而导致提示词模糊不清。我们结合Midjourney官方导览对此进行梳理，向读者提供以下参考思路。

（1）主题：人物、动物、地点、物体等。

（2）媒介：照片、绘画、插图、雕塑、涂鸦、挂毯等。

（3）环境：室内、室外、深海、山地、月球、宇宙等。

（4）灯光：柔和、阴天、晴朗、霓虹灯、演播室灯等。

（5）颜色：鲜艳、柔和、明亮、单色、彩色、黑白等。

（6）情绪：平静、喧闹、精力充沛等。

（7）构图：肖像、特写、鸟瞰等。

温馨提示

编写提示词的目的是实现我们所需的图像。在创作过程中，并不是所有情况都需要非常清晰和具体的提示词，有时模糊的提示词可以激发更多的创意。模糊的提示词可以给予Midjourney Bot更多的创作自由度，激发出更多非传统的图像。

当读者需要创造更具艺术性、抽象性或开放性的图像时，模糊的提示词可以起到很好的作用。需要注意的是，即使是模糊的提示词，也需要在一定程度上传达创作者的意图和主题。提示词的模糊性应该是有意识的，而不是完全随意的。创作者应该在模糊性和准确性之间找到平衡，以确保最终生成的图像仍然能够达到期望的效果。

因此，不论是清晰还是模糊的提示词，在创作过程中都有其独特的价值和用途。读者可以根据自己的创作意图和风格来选择合适的提示词，以生成所需的图像。

4.3 提示词探索

在前文中，我们介绍了提示词的结构和要点，这有助于我们编写有效作用于Midjourney Bot的提示词。接下来，我们将进一步探索提示词的更多使用方式，包括辅助工具和控制变量等。

辅助工具可以帮助我们更好、更精确地编写提示词。例如，使用翻译器，可以将提示词从中文翻译成英文，而ChatGPT等人工智能工具可以帮助我们生成和改进提示词，同时还可以激发我们产生新的创意和想法，使我们能够更有创造力地编写提示词。

控制变量也是常用技巧，它在一定程度上可以控制图像生成的方向和结果，这样可以使创作更具针对性，帮助我们实现所需的图像效果。

通过辅助工具和控制变量的结合使用，我们可以探索更多有创造性的提示词编写方式，这样可以帮助我们在Midjourney的出图过程中创造出更多样且令人惊喜的图像作品。

4.3.1　使用辅助工具编写提示词

我们常用于辅助Midjourney提示词写作的工具有翻译器、ChatGPT、讯飞星火认知大模型及Midjourney社区公共分享频道。下面将分别对这些工具进行介绍。

1. 使用翻译器翻译提示词

翻译器是一种常用的工具，可以将提示词从中文翻译成英文。通过翻译器，我们可以在不同语言间转换，扩展提示词的选择范围和表达方式，以便更精确地描述所需的图像。

常用的翻译器有Google翻译、有道翻译及DeepL，接下来我们将以DeepL翻译器为例，演示翻译器辅助提示词编写的操作步骤。

1 登录DeepL翻译官网，在“键入翻译”文本栏中输入需要翻译的提示词内容“一只在太空中航行的船”，将目标语言选择为“英语（美式）”，翻译结果将自动出现在翻译栏中，如图4-12所示。

2 登录Midjourney服务器，在私人频道“Mid教程”底部的输入框中输入“/imagine”指令，按Enter键，出现“prompt”文本框，在“prompt”文本框中输入提示词“A ship that sails through space --s 250”（一只在太空中航行的船），按Enter键发送，生成图片，如图4-13所示。

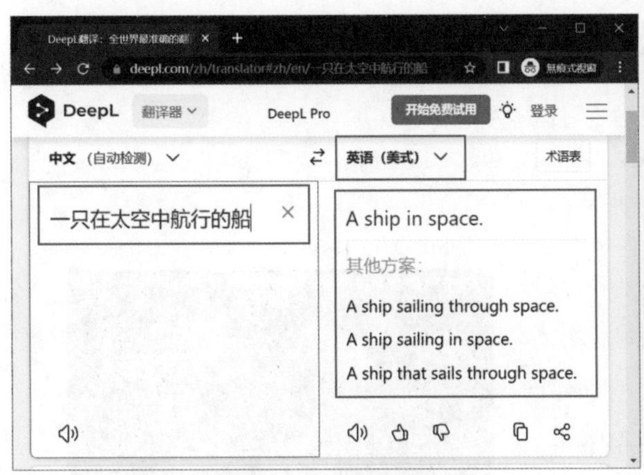

图4-12　DeepL翻译器

图4-13　Midjourney生成的图片

2. 使用ChatGPT生成提示词

ChatGPT是OpenAI公司开发的人工智能聊天机器人程序，可以用人类自然对话的方式来交互，还可以进行复杂的语言工作，包括自动生成文本、自动问答、自动摘要等多种任务。我们将ChatGPT应用于提示词的翻译和润色扩写，仅需在输入框中输入需要的中文提示内容，ChatGPT将帮助我们翻译并改写为更本土化的准确内容。接下来，我们将详细介绍使用ChatGPT生成提示词。

1 注册ChatGPT账号。进入ChatGPT官方网址，单击“Sign up”（注册）按钮，根据页面提示依次输入注册邮箱、注册密码，并通过手机验证，即可拥有一个ChatGPT账号。

2 回到ChatGPT官方网址，单击“Log in”（登录）按钮，输入注册邮箱和密码，即可登录并使用ChatGPT。

3 登录后，在ChatGPT首页底部输入框中输入提示词生成要求：

“接下来我将给你一些提示词，请帮我把它们翻译成本土化、形容精准的英文。

需要翻译的词我会以‘/词’的格式发送给你，你只需要翻译‘/’之后的内容即可。

例如，‘/一片废墟，深海的’翻译为‘Ruins, deep in the sea’。”

发送后可以得到ChatGPT的确认回复，如图4-14所示。

温馨提示

ChatGPT的提示词生成要求可以根据自身需求调整，其本质是设定一个可供ChatGPT识别的内容提示符号，如“/+（中文文本）”或“：+（中文文本）”，并要求其对符号后的内容进行模式化的回答。

4 接下来，继续在ChatGPT的输入框中输入中文提示词“/一只在花园中小溪边漫步的小鹿。”，得到ChatGPT的回复“A small deer strolling by the brook in the garden.”，如图4-15所示。

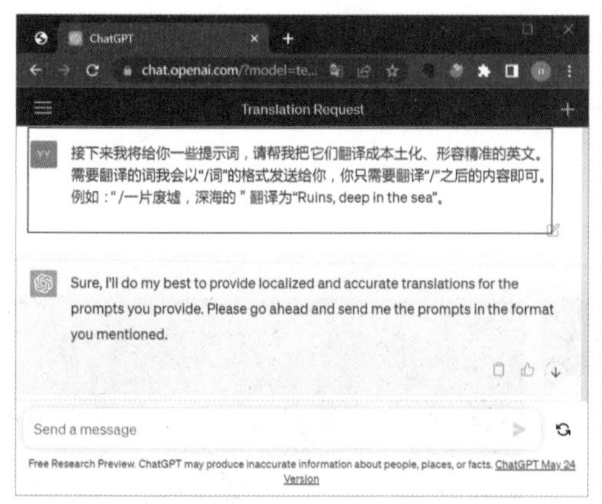

图4-14 输入ChatGPT提示词的生成要求

图4-15 ChatGPT根据提示词生成要求进行回复

5 登录Midjourney服务器，在私人频道“Mid教程”底部的输入框中输入“/imagine”指令，按Enter键，出现“prompt”文本框，在“prompt”文本框中输入ChatGPT生成的提示词“A small deer strolling by the brook in the garden”（一只在花园中小溪边漫步的鹿），按Enter键发送，生成图片，如图4-16所示。

图4-16 Midjourney生成的图片

3. 使用讯飞星火认知大模型生成提示词

讯飞星火认知大模型是科大讯飞公司研发的以中文为核心的新一代认知智能大模型，于2023年5月正式上线运行。该模型能够进行文本生成、语言理解、知识问答、逻辑推理、数学解析等多种任务，在多个行业和领域起着越来越重要的作用。

与ChatGPT的用法类似，我们将讯飞星火认知大模型应用于提示词的翻译和润色扩写，在对话框中输入所需的提示内容，讯飞星火认知大模型将回复我们相应的内容。接下来，我们将详细介绍使用讯飞星火认知大模型辅助生成提示词的操作。

1 注册账号。进入讯飞星火认知大模型官网，可选择“微信扫码注册”和“手机号注册”两种方式进行注册。选择其中一种，根据页面提示完成注册。

2 账号注册成功后，登录账号。

3 登录后，单击页面中的“立即使用”按钮，进入讯飞星火认知大模型的对话界面。在底部输入框中输入提示词生成要求：

“接下来我将给你一些提示词，请帮我把它们翻译成本土化、形容精准的英文。

需要翻译的词我会以‘/词’的格式发送给你，你只需要翻译‘/’之后的内容即可。

例如：‘/一片废墟，深海的’，翻译为‘Ruins, deep in the sea’。”

发送后，可以收到讯飞星火认知大模型的确认回复，如图4-17所示。

> **温馨提示**
>
> 讯飞星火认知大模型提供“助手中心”功能，可在“星火助手中心>助手市场”中添加对话助手，如文案大师、短视频脚本助手、写作助手等。读者可以根据自身的需求进行添加，使对话内容更具针对性和专业性。

4 接下来，继续在讯飞星火认知大模型输入框中输入中文提示词“/一个鲜花花环，水彩画风格”，得到讯飞星火认知大模型的回复“A floral wreath, watercolor style”，如图4-18所示。

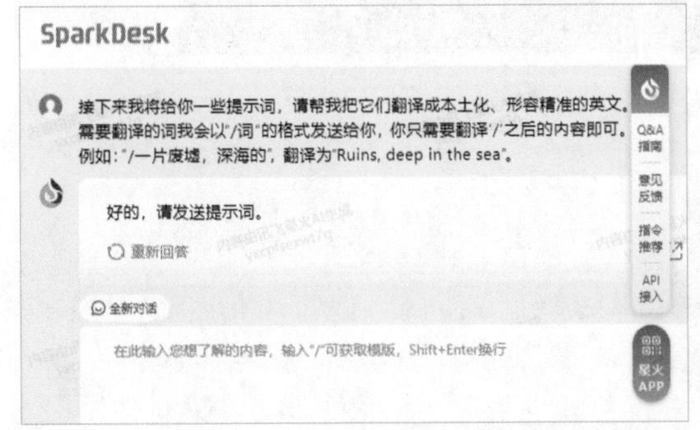

图4-17 向讯飞星火认知大模型提出提示词翻译要求

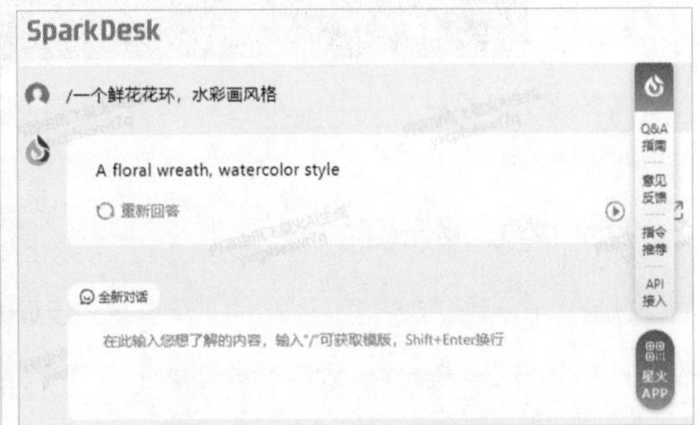

图4-18 讯飞星火认知大模型的回复

5 登录Midjourney服务器，在私人频道“Mid教程”底部的输入框中输入“/imagine”指令，按Enter键，出现“prompt”文本框，在“prompt”文本框中输入讯飞星火认知大模型生成的提示词“A floral wreath, watercolor style”（一个鲜花花环，水彩画风格），按Enter键发送，生成图片，如图4-19所示。

图4-19　Midjourney生成的图片

4．在Midjourney社区公共分享频道学习提示词

Midjourney官方管理团队在社区公共频道上创建了分享子频道，专门用于用户分享新作品和提示词，用户可以在子频道中分享他们最新的图片作品及与之相关的提示词。通过浏览这些分享频道，我们可以获取更多创意和灵感，扩充提示词思路，如图4-20所示。

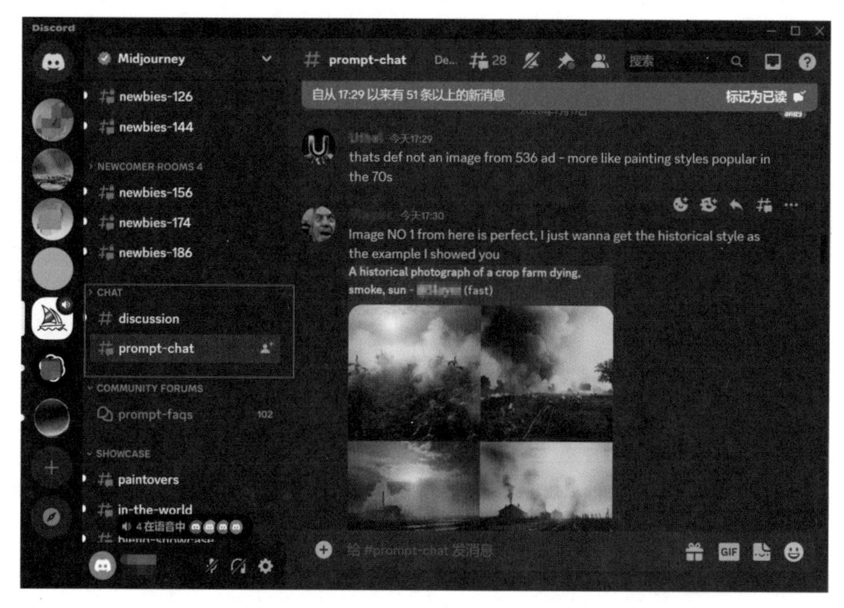

图4-20　Midjourney社区公共分享频道

4.3.2　控制提示词的变量

在前文中，我们介绍了使用辅助工具进行提示词的翻译和编写。除了辅助工具，我们还可以通过设置控制变量的方式来进一步探索提示词的编写。

控制变量是指在提示词中引入特定的参数或限制，以控制生成图像的方向和结果。通过设置控制变量，我们可以有针对性地调整提示词，以满足特定的创作需求。例如，在提示词中引入特定的颜色、主题或情感要求，通过明确这些控制变量，我们可以指导Midjourney Bot生成与之相关的图像。这种方式可以更精准地控制图像生成的方向，使生成的图像更符合我们的预期和意图。

此外，我们还可以通过设置控制变量来调整生成图像的风格、细节或其他特征。例如，在提示词中添加特定的指令或要求，以控制图像的线条风格、纹理效果或构图方式等，这样可以使我们的创作更个性化，而且能帮助我们实现所需的图像效果。

通过结合辅助工具和控制变量的使用，我们可以更加灵活地探索和试验不同类型的提示词编写方式。这样可以让我们在Midjourney的创作过程中更好地发挥想象力和探索性，从而创作出更多样化且令人惊喜的图像作品。

接下来，我们将从媒介、年代、情绪、色彩、环境这几个方面来演示提示词的控制变量。

1. 媒介

在图像领域中，“媒介”一词通常指的是图像的表现形式或传递方式。它涉及图像所使用的技术、工具或载体，以及图像创作和呈现的方式。媒介可以是数字媒体，如数字照片、计算机生成图像、数字绘画等，也可以是传统的物理媒介，如绘画、摄影、雕塑等。这些媒介利用颜料或其他材料来创造图像，并通过展览、出版物、印刷品等方式传递给观众。

此处，我们将以媒介为变量进行提示词的编写，并展示Midjourney生成的不同媒介质感的图片。

（1）国画：输入提示词“<Chinese painting> style cat”，如图4-21所示。

（2）浮世绘：输入提示词“<Ukiyo-e> style cat”，如图4-22所示。

图4-21　Midjourney生图：国画

图4-22　Midjourney生图：浮世绘

（3）版画：输入提示词“Woodblock print, style cat”，如图4-23所示。

> **温馨提示**
>
> 此处“媒介”提示词与图像主体间的间隔方式采用“<>”“,”或空格皆可。

（4）黑光画：输入提示词“Blacklight Painting style cat”，如图4-24所示。

（5）十字绣：输入提示词“Cross Stitch style cat”，如图4-25所示。

图4-23　Midjourney生图：版画

图4-24 Midjourney生图：黑光画

图4-25 Midjourney生图：十字绣

2. 年代

在图像领域中，“年代”通常用来表示特定时期的图像创作或发展阶段。它涉及图像的历史背景、技术水平、风格特征，以及相关的艺术、文化和社会因素。每个年代都有其独有的特征和风格，反映了当时的艺术潮流和技术发展。

例如，在绘画领域，文艺复兴时期（14世纪至16世纪），艺术家们追求逼真的透视和人物形象，塑造了许多经典的艺术作品。而19世纪末至20世纪中叶则强调表现个人感受和艺术自由，推动了抽象艺术的发展。在摄影领域，黑白摄影时代（19世纪末至20世纪中叶）和彩色摄影的兴起（20世纪中叶以后）标志着摄影技术的发展和图像呈现方式的变化。不同年代的摄影作品展现了不同的风格和主题偏好。

此处，我们将以年代为变量进行提示词的编写，并展示Midjourney生成的不同年代质感的图片。

（1）15世纪：输入提示词“1400s, cat painting”，如图4-26所示。

（2）17世纪：输入提示词“1600s, cat painting”，如图4-27所示。

图4-26 Midjourney生图：15世纪

图4-27 Midjourney生图：17世纪

（3）21世纪：输入提示词“2000s, cat painting”，如图4-28所示。

图4-28 Midjourney生图：21世纪

3. 情绪

在图像领域中，“情绪”指的是图像所传达或引起的情感状态或情绪体验。图像可以通过视觉元素、色彩、构图、主题和表现方式等因素来激发观者的情绪反应。

情绪在图像中是通过感知和解释图像中的视觉信息而产生的，不同的图像可以引发不同的情绪。例如，一幅色彩明亮和主题欢快的图像可能引起快乐和兴奋的情绪，而一幅色调阴暗和主题悲伤的图像可能引起悲伤和沉重的情绪。

此处，我们将以情绪为变量进行提示词的编写，并展示Midjourney生成的表达不同情绪的图片。

（1）坚定的：输入提示词“Determined cat”，如图4-29所示。

（2）高兴的：输入提示词“Happy cat”，如图4-30所示。

图4-29 Midjourney生图：坚定的

图4-30 Midjourney生图：高兴的

（3）困倦的：输入提示词“Sleepy cat”，如图4-31所示。

（4）愤怒的：输入提示词“Angry cat”，如图4-32所示。

图4-31 Midjourney生图：困倦的

图4-32 Midjourney生图：愤怒的

（5）害羞的：输入提示词“Shy cat”，如图4-33所示。

图4-33 Midjourney生图：害羞的

4. 色彩

在图像领域，“色彩”是图像所呈现或使用的颜色的种类、组合和分布。色彩可以通过视觉元素、光线、对比度、饱和度和色调等因素来影响图像的视觉效果和情绪表达。

不同的色彩可以引发不同的情绪共鸣。例如，一幅暖色调和色彩鲜艳的图像可以给人温暖和充满活力的感受，而一幅冷色调和色彩暗淡的图像可以给人冷漠和压抑的感受。

此处，我们将以色彩为变量进行提示词的编写，并展示Midjourney生成的表达不同色彩的图片。

（1）千禧粉：输入提示词“Millennial Pink colored cat”，如图4-34所示。

（2）酸性绿：输入提示词“Acid Green colored cat”，如图4-35所示。

（3）去饱和：输入提示词“Desaturated colored cat”，如图4-36所示。

图4-34 Midjourney生图：千禧粉

图4-35 Midjourney生图：酸性绿

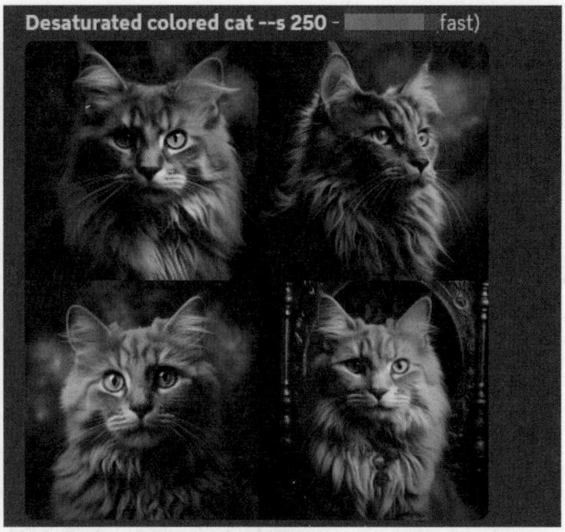

图4-36 Midjourney生图：去饱和

（4）淡紫：输入提示词“Mauve colored cat”，如图4-37所示。

（5）双色调：输入提示词“Two Toned colored cat”，如图4-38所示。

图4-37 Midjourney生图：淡紫

图4-38 Midjourney生图：双色调

5. 环境

图像中的“环境”是指图像呈现或运用的背景、场景和空间的样式、搭配和布局，通过改变图像中的视觉元素、透视、光影、纹理和细节等因素，可以影响图像的视觉效果和情绪表达。

环境在图像中呈现出相应的空间感，它能给人不同的视觉感受，进而引发不同的情绪感知。例如，自然风光和明亮开阔的环境可能让人感到自由和舒适，而阴暗狭窄的环境可能让人感到不安和压抑。

此处，我们将以环境为变量进行提示词的编写，并展示Midjourney生成的表达不同环境背景的图片。

（1）沙漠：输入提示词“Desert sleepy cat”，如图4-39所示。

（2）森林：输入提示词“Forest sleepy cat”，如图4-40所示。

图4-39 Midjourney生图：沙漠

图4-40 Midjourney生图：森林

（3）盐滩：输入提示词“Salt Flat sleepy cat”，如图4-41所示。

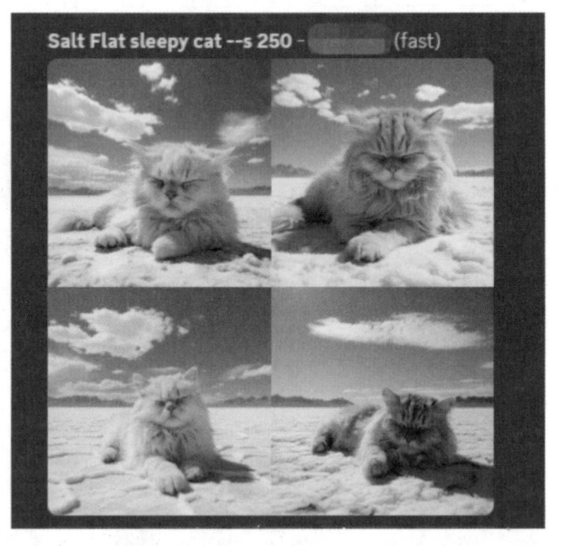

图4-41 Midjourney生图：盐滩

4.3.3 Midjourney Bot描述图像

Midjourney的“/describe”指令允许用户上传图片，让Midjourney Bot根据该图片进行分析，然后提供文字描述。这种描述的结构更贴合AI语言，并且当我们模仿该结构进行提示词改写后，将其传回Midjourney Bot进行图片生成，可以使生成的图片结果更符合我们的期望。

有时我们会看到一些美丽而有趣的图片，希望通过提示词的方式在Midjourney中生成类似的图片，但不知道如何下手。这时，我们就可以借助Midjourney的“/describe”指令，让Midjourney Bot分析图片的内容和特点，并生成一些描述性的内容作为参考。我们可以根据这些内容进行创作、修改或扩展，并加入自己的创意和情感描述，从而实现对类似图片风格的模拟生图。这种方法可以帮助我们在Midjourney的图片生成过程中创造出多样化的图像作品。

利用“/describe”指令，我们能够更好地利用AI的图像生成功能，从现有的图片中提取特点和灵感，并以此作为创作的起点，进一步丰富我们的创意。这种创作方式可以使我们更灵活地探索不同风格和主题的图像，并创造出独特而令人满意的作品。

接下来，我们将详细演示“/describe”指令的应用方法。

1 登录Midjourney服务器，在私人频道“Mid教程”底部的输入框中输入“/describe”指令，按Enter键，出现“image”图片添加栏，单击图片添加栏选择需要描述的图片，按Enter键发送，如图4-42所示。

2 图片上传成功后，Midjourney Bot会以对话的形式回复描述内容，如图4-43所示。

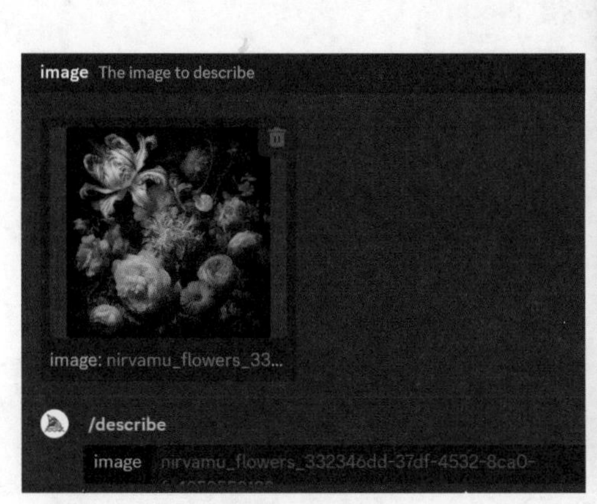

图4-42　上传图片

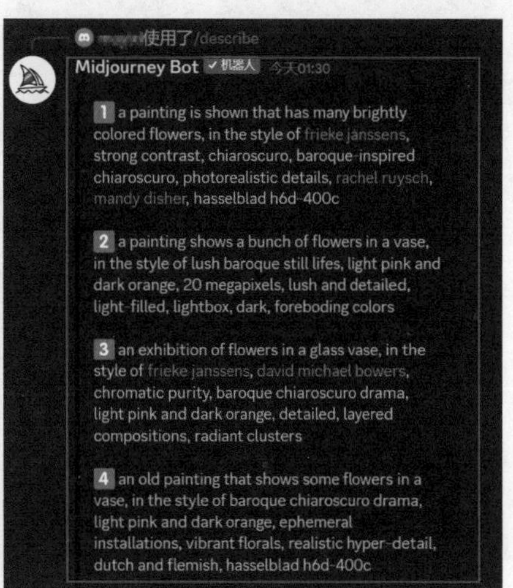

图4-43　Midjourney Bot描述图片

3 得到Midjourney Bot回复的描述内容后，我们可以对其进行修改，并使用“/imagine”生图指令进行生图；也可以直接单击图片下方的数字按钮，如图4-44所示，选择对应的描述内容直接生图。

图4-44　描述内容对应的按钮

本章小结

在本章中，我们深入探索了Midjourney提示词的写法。先介绍了提示词的结构，包括基本提示词、高级提示词、多重提示词和排列提示词。接着，解析了提示词的要点，包括长度、语法、焦点和细节。之后，对提示词的使用进行了拓展探索，介绍了辅助工具的使用，如翻译器、ChatGPT、讯飞星火认知大模型及Midjourney社区公共分享频道，同时还讲解了如何通过设置控制变量来调整提示词，以获得更精准的画面表达和更个性化的图像创作。最后，还介绍了Midjourney Bot描述图像功能，以实现对类似图片风格的模拟生图。

通过学习本章内容，我们已经掌握了Midjourney提示词的写作技巧。在下一章中，我们将探讨Midjourney的指令和参数，帮助读者在创作过程中灵活应用指令和参数，使AI图像创作更得心应手。

05 CHAPTER

第5章 熟悉Midjourney的指令与参数

本章导读

在Midjourney的使用过程中，指令和参数对于生图创作起着重要的辅助作用。本章将深入探讨Midjourney的指令和参数，以辅助Midjourney Bot生成令人满意的图像作品。

我们先详细介绍Midjourney指令的概念和功能，并提供指令示例，让读者对其有个清晰的理解。接着，我们将讲解Midjourney的常规参数，这些参数可以帮助读者调整图像生成的细节和特征，使生成的图像更符合个人需求和创作意图。之后，我们将深入探讨Midjourney的Seed参数，Seed参数可以为生成的图像提供底图参考，让读者能够更好地控制图像的主体内容。最后，我们将介绍Midjourney的模型版本参数。由于不同的模型版本在图像生成方面会有明显的差异，因此解释这些差异可以帮助读者选择合适的模型版本来满足创作需求。

通过学习本章内容，读者将掌握Midjourney指令和参数的使用方法，并灵活运用它们来生成个性化的图像。

温馨提示

Midjourney的更新速度非常快，建议读者尽可能进行实际操作，通过与Midjourney Bot互动来及时了解和掌握最新指令和参数的使用方法。

5.1 Midjourney指令

Midjourney的使用是通过发送指令与Midjourney Bot进行对话交互来实现各项功能的。在本节中，我们将详细介绍Midjourney指令的概念和功能，并探讨不同类型的指令及它们的用法和效果。通过学习本节的内容，读者可以了解Midjourney指令的基本用法。

5.1.1 什么是Midjourney指令

Midjourney指令是一种用于与Midjourney Bot进行交互的特定英文指令，无论是在公共频道、私人频道，或者与Midjourney Bot的直接消息对话中，用户都可以通过输入这些指令来实现不同的功能。

Midjourney指令是使用Midjourney的基础。我们可以运用这些指令来创建图像、更改默认设置、监控用户信息及完成其他诸多任务。

5.1.2 Midjourney常用指令详解

下面我们将对Midjourney常用指令进行梳理并辅以功能解释，以帮助读者快速查阅和使用，见表5-1。

表5-1 Midjourney常用指令清单

序号	指令	官方说明	功能解释
Midjourney服务器指令			
1	/imagine	Generate an image using a prompt	通过提示词生成图片，是Midjourney最基础、应用最多的指令

续表

序号	指令	官方说明	功能解释
2	/fast	Switch to Fast mode	切换至快速模式。快速模式通过扣减会员GPU时间快速生图，每张图片需要扣减10分钟以下的GPU时间，高峰期生图速度明显优于放松模式
3	/relax	Switch to Relax mode	切换至放松模式。放松模式使用公共通道生图。对于生图需求量大的用户来说，平峰期是不错的选择，可以节约大量GPU时间，高峰期出图较慢
4	/turbo	Switch to Turbo mode	切换至涡轮模式。涡轮模式是相较于快速模式更快的通道，生图速度是快速模式的4倍，GPU消耗时间是快速模式的2倍
5	/info	View information about your account and any queued or running jobs	查询用户账户信息，包括剩余GPU时间和正在运行的工作等
6	/subscribe	Generate a personal link for a user's account page	为用户生成订阅链接，单击进入后可以选择不同的会员订阅内容
7	/ask	Get an answer to a question	向Midjourney Bot提问并获取答案
8	/help	Shows helpful basic information and tips about the Midjourney Bot	显示关于Midjourney Bot的基本帮助信息和提示
9	/settings	View and adjust the Midjourney Bot's settings	访问并调整Midjourney Bot的默认参数设置
10	/stealth	For Pro Plan Subscribers: switch to Stealth Mode	高级订阅用户的专属隐私模式，生成图片不会出现在公共频道
11	/private	Toggle stealth mode	切换为隐私模式
12	/public	For Pro Plan Subscribers: switch to Public Mode	切换至公共模式，生成图片会出现在公共频道，非高级订阅用户默认只可使用公共模式
13	/describe	Writes four example prompts based on an image you upload	基于用户上传的图片，由Midjourney Bot写出4条提示词示例
14	/blend	Easily blend two images together	简单地将两张图片进行混合后，生成一张新图
15	/docs	Use in the official Midjourney Discord server to quickly generate a link to topics covered in this user guide	在Midjourney服务器官方公共频道中使用，可快速生成用户指南链接
16	/faq	Use in the official Midjourney Discord server to quickly generate a link to popular prompt craft channel FAQs	在Midjourney服务器官方公共频道中使用，可快速生成提示词手册相关板块的查询链接

续表

序号	指令	官方说明	功能解释
17	/prefer option	Create or manage a custom option	创建或管理用户选项
18	/prefer option set	Set a custom option	创建或管理用户选项
19	/prefer option list	View your current custom options	查看正在使用的用户自定义选项
20	/prefer variability	Toggle variability mode	用于切换变换模型的阈值，有高低变换两种模式
21	/prefer suffix	Specify a suffix to add to the end of every prompt	在每组提示词末尾添加指定的参数后缀
22	/prefer remix	Toggle Remix mode	打开或关闭重混模式
23	/remix	Toggle Remix mode	打开或关闭重混模式
24	/show	Use an images Job ID to regenerate the Job within Discord	用图片的工作ID在当前频道重新显示相同的图片
25	/invite	Get an invite link to the Midjourney Discord server	生成当前Midjourney服务器的邀请链接
26	/shorten	Analyzes and shortens a prompt	让Midjourney Bot分析并拆解提供给它的提示词
Discord平台内置指令			
1	/giphy	Search Animated GIFs on the Web	网络搜索GIF图片
2	/tenor	Search Animated GIFs on the Web	网络搜索GIF图片
3	/tts	Use text-to-speech to read the message to all members currently viewing the channel	使用文字转换语音功能给当前正在浏览此频道的成员朗读信息
4	/me	Displays text with emphasis	突出显示该文字

5.1.3 如何使用 Midjourney 指令

Midjourney的指令通常是在Midjourney Bot输入框中输入“/+指令名称”来使用。接下来，我们将详细介绍指令的使用步骤，以帮助读者更好地掌握它们。

温馨提示

此处我们以“/settings”指令为例，对Midjourney Bot默认参数进行设置，其他指令的操作步骤与此相同。

1 登录Midjourney服务器，在前文新建的私人服务器下方输入框中输入“/settings”指令，按Enter

键，向Midjourney Bot发送指令，如图5-1所示。

图5-1　输入“/settings”指令

2 Midjourney Bot接收指令后，将回复当前参数设置信息，如图5-2所示。

3 在Midjourney Bot反馈的参数信息中，单击需要设置的参数名称按钮，即可点亮为绿色，设置为默认参数。默认参数分别包含生图模型版本、风格化强度、工作模式和工作通道等，如图5-3所示。

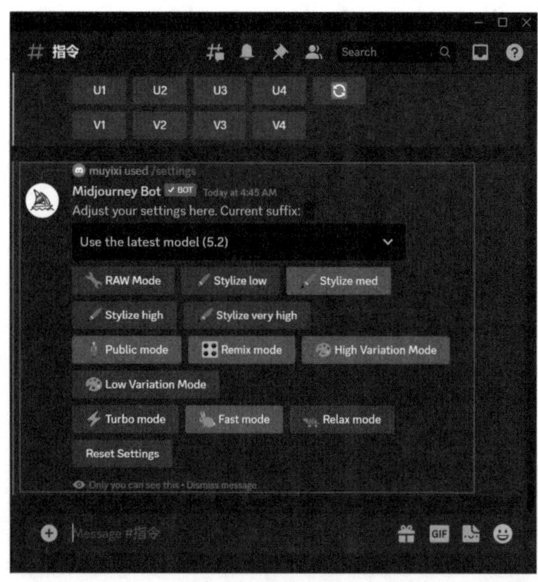

图5-2　默认参数设置

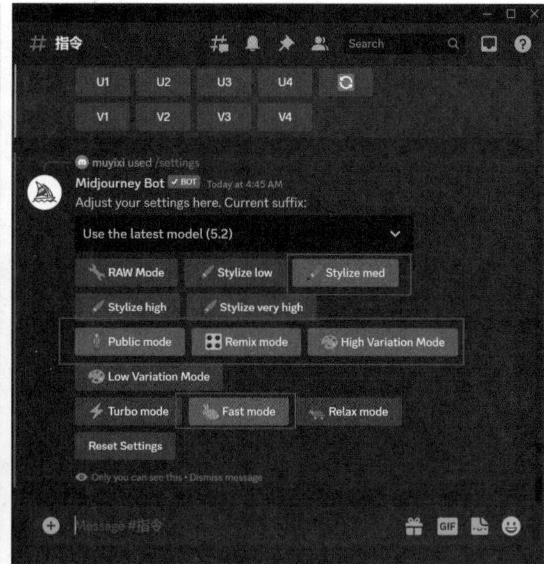

图5-3　默认参数选择

5.2 Midjourney常规参数

在Midjourney的提示词编写中，常规参数的应用非常频繁且重要。下面我们将对Midjourney的常规参数进行归纳整理，并从概念和应用两个方面进行详细介绍，以帮助读者更好地理解和运用这些参数。

5.2.1 什么是Midjourney常规参数

Midjourney常规参数是用于调整图像生成结果的一系列后缀型文本，其可以影响图像的外观、细节和风格等。这些参数通常具有默认值，但用户可以根据需要进行自定义设置，以达到所需的图像效果。

常规参数对Midjourney Bot起到强大的调控作用，通过了解和运用这些参数，读者可以创作出更加独特、多样的图像作品，并更好地展现创意。

5.2.2 Midjourney常规参数详解

下面我们将对Midjourney常规参数进行梳理并辅以功能解释，以帮助读者快速查阅和使用，见表5-2。

表5-2 Midjourney常规参数清单

序号	参数名称	书写格式	功能解释
1	Aspect Ratios	--aspect --ar	改变生成图片的宽高比。可取常规比例，如--ar 16:9、--ar 4:3
2	Chaos	--chaos <0–100>	改变生成图片结果的多样性。数值越小，生成的结果在风格、构图上越相似；数值越大，生成的结果在风格、构图上的差异越大。建议取值：0~100，如--chaos 65
3	Fast	--fast	覆盖当前模式，使用快速模式生图
4	Relax	--relax	覆盖当前模式，使用放松模式生图
5	Turbo	--turbo	覆盖当前模式，使用涡轮模式生图
6	Image Weight	--iw <0–2>	设置图像提示词相对于文本提示词的权重，默认取值为".25"，建议取值：0~2
7	No	--no	排除参数后的提示词内容，如--no plants，生成图片则排除植物元素
8	Quality	--quality <.25, .5, or 1> --q <.25, .5, or 1>	改变图片渲染花费的时间，进而改变图片质量。值越大，使用的GPU分钟数越多；值越小，使用的越少。建议取值：.25、.5、.1，如--q .25
9	Repeat	--repeat <1–40> --r <1–40>	通过单个提示创建多个作业，对于快速多次重复运行一个作业很有用，取值数代表重复作业的次数，建议取值：1~40，如--r 25
10	Stop	--stop <integer between 10–100>	在图片生成中途停止作业，以较小的数值停止作业可能会产生模糊、不详细的结果。建议取值：10~100的整数，如--stop 60

续表

序号	参数名称	书写格式	功能解释
11	Style	--style <raw> --style <4a, 4b, or 4c> --style <cute, expressive, original, or scenic>	切换模型的生成风格
12	Stylize	--stylize <number> --s <number>	影响默认美学风格在作业中的应用程度。数值越小，越符合提供给Midjourney的提示词；数值越大，AI自由发挥的空间越大。建议取值：0~1000，如--s 950
13	Tile	--tile	通过重复平铺来创建无缝衔接的图案，直接作为后缀使用
14	Video	--video	创建正在生成的初始图像的生图动态短片，添加参数后缀后，使用“envelope”（信封）表情符号对已完成的图像做出反应，Midjourney Bot会将视频链接发送至私信
15	Weird	--weird <number 0–3000>	一个实验性参数，用来探索不寻常的美学，建议取值：0~3000

5.2.3 如何使用 Midjourney 常规参数

Midjourney常规参数是以后缀的形式添加在提示词的末尾，通过改变这些参数，可以调整生成图像的外观和风格。接下来，我们将以相同的提示词“A flying bird”（一只飞翔的鸟）为例，通过变换参数来进行演示，帮助读者更好地理解这些参数的作用。

1. 默认设置（不额外添加参数）

输入提示词“A flying bird”，生成的图像如图5-4所示。

图5-4　默认参数生图

2. Stylize参数

（1）输入提示词“A flying bird --s 100”，生成的图像如图5-5所示。

（2）输入提示词“A flying bird --s 1000”，生成的图像如图5-6所示。

图5-5 Stylize参数为100

A flying bird --s 1000 - (fast)

图5-6 Stylize参数为1000

3. Weird参数

（1）输入提示词“A flying bird --weird 100”，生成的图像如图5-7所示。

（2）输入提示词“A flying bird --weird 3000”，生成的图像如图5-8所示。

图5-7 Weird参数为100

图5-8 Weird参数为3000

4. Chaos参数

输入提示词“A flying bird --chaos 100”，生成的图像如图5-9所示。

5. No参数

输入提示词“A flying bird --no sky”，生成的图像如图5-10所示。

图5-9 Chaos参数为100

A flying bird --no sky - (fast)

图5-10 No参数排除sky

5.3 Midjourney Seed参数

Seed参数是Midjourney中用于控制变量的重要参数之一。当用户生成一张图像后，如果对其中的某个方面不满意，如背景，则可以通过让Midjourney Bot参考Seed参数来生成具有类似特征但略有变化的图像。这样，用户可以尝试多种变化，生成自己满意的图像效果，如图5-11和图5-12所示。

图5-11 使用Seed参数前

图5-12 使用Seed参数后

5.3.1 什么是Midjourney Seed参数

Midjourney Bot通过Seed编号来创建“Visual noise”（视觉噪声），并以此作为生成初始网格图像的起点。Midjourney Bot生成的每张图像都有一个随机的Seed参数，使用相同的Seed参数和提示词将产生相似的最终图像。当我们需要微调已生成的图像时，Seed参数可以帮助我们得到更加稳定和可控的结果。

5.3.2 如何使用 Midjourney Seed 参数

下面我们将详细介绍如何读取和使用Seed参数，帮助读者在AI图片创作过程中更加熟练地运用它们。掌握了Seed参数的使用方法，读者则能够更加灵活地调整生成的图像，使其更符合个人的创作意图。

1. 读取Seed参数

Midjourney默认情况下不显示Seed参数，当我们使用Seed参数时，需进行以下操作来读取参数。

1 选定一幅已生成的四宫格初始图，将鼠标移至生成图像右侧的空白区域，在图像右上角出现选项栏，如图5-13所示。

2 单击选项栏中的（添加反应）按钮，在弹出的搜索栏中输入“envelope”进行搜索，并在搜索结果中单击（envelope）按钮，如图5-14所示。

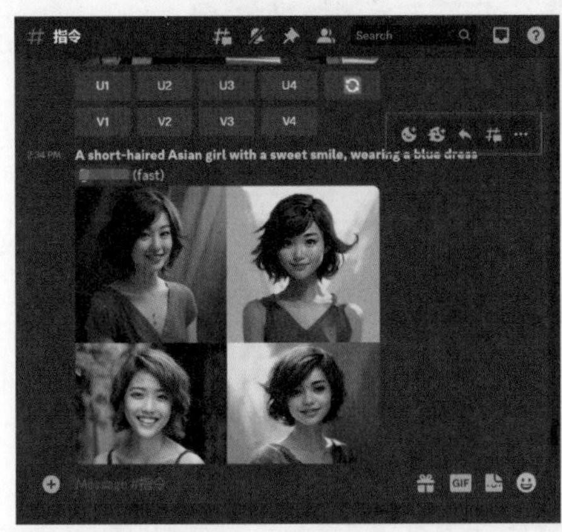

图5-13　出现选项栏

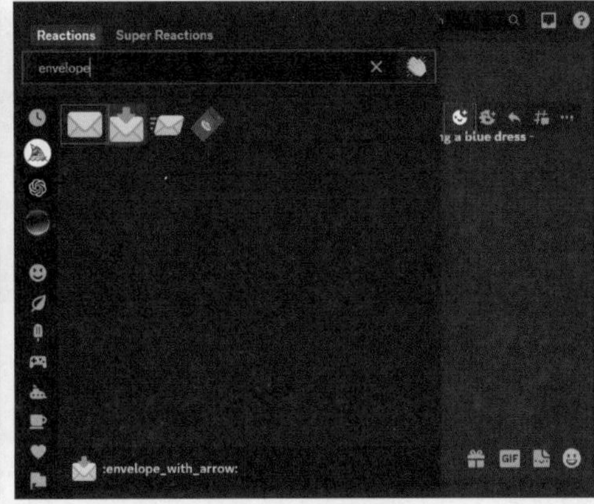

图5-14　单击按钮

3 此时左侧菜单栏中将出现红色未读消息提醒，如图5-15所示。

4 单击消息提醒图标后，进入私人信息页面读取Seed参数，如图5-16所示。

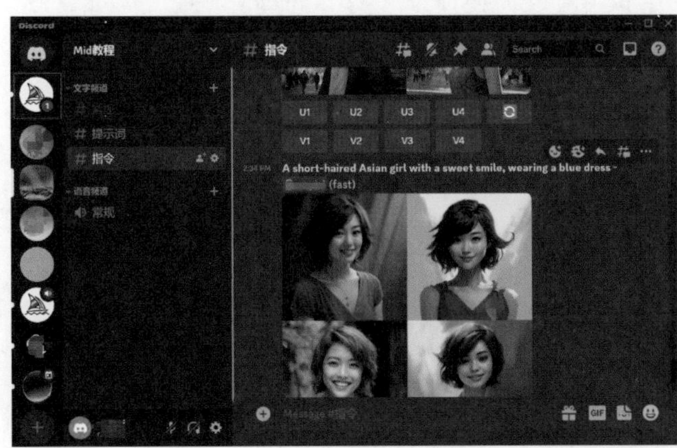

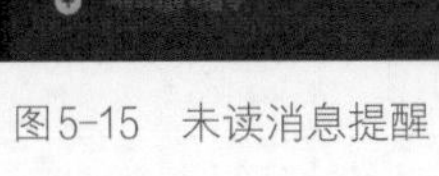

图5-15　未读消息提醒

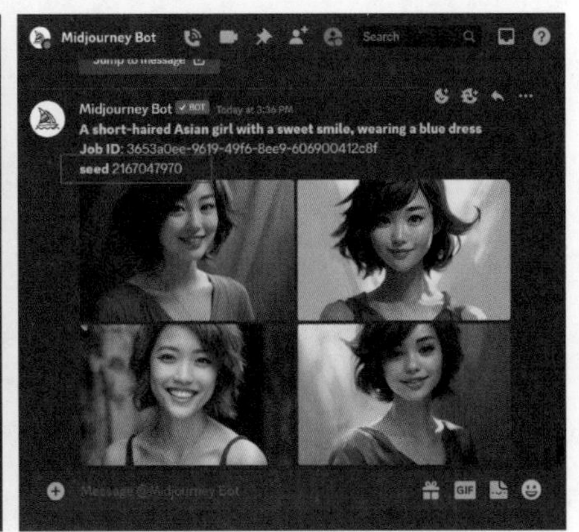

图5-16　Seed参数读取页面

2. 使用Seed参数

Seed参数可以提高Midjourney生图的可控性，前文我们已经读取了原始图片的Seed参数，接下来我们将在该图片的基础上更改人物服装的颜色，生成一组相似的人物肖像。

1 读取Seed参数，将“seed 2167047970”复制并备用。

2 回到私人频道进行图片生成，在频道下方输入框中输入提示词“A short-haired Asian girl with a sweet smile, wearing a red dress --seed 2167047970”，按Enter键发送提示词，生成变化后的图片，如图5-17所示。

图5-17 使用Seed参数的效果

5.4 Midjourney模型版本参数

Midjourney定期发布新的模型版本，旨在不断提高生成效率、图像一致性和质量。默认情况下，Midjourney会使用最新的模型版本进行图像生成，但用户也可以通过添加--version、--v，或使用“/settings”指令选择特定的模型版本来使用。每个模型都擅长生成不同类型的图像，用户可以根据不同的生图需求选择合适的模型版本。

5.4.1 什么是Midjourney模型版本

Midjourney模型版本是由Midjourney研究实验室开发的一系列AI模型版本，用于生成不同类型的图像。

Midjourney目前较新的模型版本是V5.2，于2023年6月发布。该版本生成的图片更详细、更鲜明，具有更好的颜色、对比度和构图。相比早期版本，该模型对提示词的理解能力更好。

除了V5.2，Midjourney还有其他几个模型版本。V5.1相比早期版本具有更强的美感，更易于使用简单的文本提示词。它在一致性方面表现出色，能够准确解读自然语言提示，生成的图像较少出现不需要的艺术效果和边界，具有更强的图像清晰度，并支持使用--tile来重复图案等高级功能。V5能生成更多的摄影图像，但可能需要较长的提示词才能实现所需的美感。V4相较于V4之前的版本，采用全新的代码库和Midjourney超级集群训练的新AI架构，它增加了很多生物、地点和物体的知识。

此外，Midjourney还与Spellbrush合作开发了Niji模型，该模型针对动漫和插画风格进行调校，具有更多关于动漫、动漫风格和动漫美学的知识。Niji模型在动态和动作镜头及角色导向的构图方面表现优异，它可以通过使用--niji 5和不同的--style来实现独特的效果。

5.4.2　Midjourney模型版本参数详解

下面我们将对Midjourney模型版本参数进行梳理，以帮助读者快速查阅和使用，见表5-3。

表5-3　Midjourney模型版本参数清单

序号	参数名称	书写格式	功能解释
1	Niji	--niji 4	动漫模型后缀参数，添加在提示词后生成动漫图片。4和5分别代表不同的动漫模型版本，对提示词的解析略有区别
2		--niji 5	
3	Version	--version <1-5>	Midjourney过往模型版本，每个版本都有其不同的默认风格
4		--v <1-5>	
5		--version 5.1	Midjourney模型5.1版本，于2023年5月发布，比过往版本更具默认风格特征，并且更容易理解人类自然语言，使提示词编写更简单易行
6		--v 5.1	
7		--version 5.2	Midjourney模型5.2版本，于2023年6月发布，相较之前版本又有整体提高，生成的图片细节更多，色彩更丰富，对比度和构图也相应有所提升
8		--v 5.2	

5.4.3　如何使用Midjourney模型版本参数

Midjourney模型版本参数和常规参数的使用方式相似，也是以后缀的形式添加在提示词的末尾，通过改变这些参数，可以调整生成图像的外观和风格。接下来，我们将使用相同的主要提示词文本，通过变换模型版本参数来进行实例演示，以帮助读者更好地理解不同模型版本参数的作用和特点。

1. V5.2

输入提示词"beautiful chinese girl, drinking coffee, long black hair, sun light, insane detail, smooth light, real photography fujifilm superia, full HD, taken on a Leica Summicron-M 50mm f/2 --v 5.2"，生成的图像如图5-18所示。

图5-18　V5.2生成的图像

2. V5.1

输入提示词"beautiful chinese girl, drinking coffee, long black hair, sun light, insane detail, smooth light, real photography fujifilm superia, full HD, taken on a Leica Summicron-M 50mm f/2 --v 5.1"，生成的图像如图5-19所示。

图5-19　V5.1生成的图像

3. V5

输入提示词"beautiful chinese girl, drinking coffee, long black hair, sun light, insane detail, smooth light, real photography fujifilm superia, full HD, taken on a Leica Summicron-M 50mm f/2 --v 5"，生成的图像如图5-20所示。

图5-20　V5生成的图像

4. V4

输入提示词"beautiful chinese girl, drinking coffee, long black hair, sun light, insane detail, smooth light, real photography fujifilm superia, full HD, taken on a Leica Summicron-M 50mm f/2 --v 4"，生成的图像如图5-21所示。

图5-21　V4生成的图像

5. V3

输入提示词“beautiful chinese girl, drinking coffee, long black hair, sun light, insane detail, smooth light, real photography fujifilm superia, full HD, taken on a Leica Summicron-M 50mm f/2 --v 3”，生成的图像如图5-22所示。

图5-22　V3生成的图像

6. V2

输入提示词“beautiful chinese girl, drinking coffee, long black hair, sun light, insane detail, smooth light, real photography fujifilm superia, full HD, taken on a Leica Summicron-M 50mm f/2 --v 2”，生成的图像如图5-23所示。

图5-23　V2生成的图像

7. V1

输入提示词“beautiful chinese girl, drinking coffee, long black hair, sun light, insane detail, smooth light, real photography fujifilm superia, full HD, taken on a Leica Summicron-M 50mm f/2 --v 1”，生成的图像如图5-24所示。

图5-24　V1生成的图像

8. Niji模型版本5

输入提示词“beautiful chinese girl, drinking coffee, long black hair, sun light, insane detail, smooth light --niji 5”，生成的图像如图5-25所示。

图5-25 Niji模型版本5生成的图像

9. Niji模型版本4

输入提示词“beautiful chinese girl, drinking coffee, long black hair, sun light, insane detail, smooth light --niji 4”，生成的图像如图5-26所示。

图5-26 Niji模型版本4生成的图像

本章小结

在本章中，我们详细介绍了Midjourney的指令与参数，为读者提供了全面的使用指导。我们先介绍了Midjourney的指令，解释了它们的作用，并通过实例展示了如何使用指令来实现图像生成和其他功能。接着，我们详细归纳了Midjourney的常规参数，解释了常规参数的含义和功能，并展示了如何运用它们来灵活调整图像生成的结果。之后，我们讨论了Midjourney的Seed参数，这是控制图像生成变量的重要参数，通过使用Seed参数，用户可以生成与初始图像相似但有细微变化的图像。最后，我们介绍了Midjourney的模型版本参数，不同版本的模型擅长生成不同类型的图像，用户可以根据自己的创作需求选择合适的模型版本，以获得最佳的图像生成效果。

通过学习本章内容，我们已经掌握了Midjourney的指令与参数的使用技巧。在下一章中，我们将探索Midjourney的不同生图方式，以丰富读者的Midjourney使用体验。

06 CHAPTER

第6章

Midjourney的生图方式与实战

本章导读

本章将深入介绍如何使用Midjourney生成图像，并探索其多种生图方式，如图生图、文生图和混合生图等，为读者提供Midjourney较为全面的生图实践途径。

在6.1节中，我们将详细介绍Midjourney不同生图方式的概念和特点，其中图生图是通过上传图像生成全新的图像，而文生图则是通过输入文字来生成图像，同时还有将图像和文字结合起来的混合生图方式及Remix生图方式。在6.2节中，我们将演示如何使用Midjourney进行生图实操，重点介绍图生图应用、文生图应用和混合生图应用等，让读者了解不同生图方式的具体操作步骤。在6.3节中，我们将应用Midjourney探索不同生图方式，生成独特的风格化图像作品。通过案例一中的文生图油画生成、案例二的文生图水彩画生成及案例三的混合生图创意图生成，我们将带领读者深入体验Midjourney的创作魅力。

通过学习本章内容，读者将掌握Midjourney生成图像的不同操作方式，并学会综合运用它们来生成个性化的图像。

6.1 Midjourney的生图方式

Midjourney作为功能强大的AI图像生成工具，提供了多种生图方式，可以使用户轻松创作出独特的图像。不同于传统的图片编辑软件，Midjourney利用人工智能技术，让用户可以通过图像、文字或两者结合的方式，快速生成各种风格的创意图像。这一创新性的设计使创作过程更加灵活和富有创意，让用户能够尽情发挥想象力，创作出令人惊艳的图像作品。接下来，我们将详细介绍每种生图方式的区别和特点。

6.1.1 图生图

图生图（Image-to-Image）是Midjourney的生图方式之一，该方式通过上传现有的图像至Midjourney服务器来生成全新的图片。Midjourney Bot对上传的原始图像进行变换处理，并通过系列算法加工图片，从而创造出相似或具有新风格的图像。这种方式适用于希望将现有图像转换为不同风格或特定主题的创作，为平面设计、数字艺术等领域寻求灵感的用户提供了丰富的选择。图生图应用的原始图和新图如图6-1和图6-2所示。

图6-1 图生图：原始图

图6-2　Midjourney Bot生成新图

6.1.2　文生图

文生图（Text-to-Image）是Midjourney使用频率最高的生图方式，用户可以通过文字描述来创作图片。

文生图方式操作十分简便，只需用文字描述自己的想法或创意，Midjourney Bot将根据文本提示生成相应的图像。这种方式对于不擅长绘画或设计，但有丰富创意且期望表达的用户十分友好，为他们提供了一个简单而直观的创作方式。同时，也为广大的设计绘画从业人员提供了便捷的概念陈述途径。

文生图应用的提示词和生图内容如图6-3和图6-4所示。

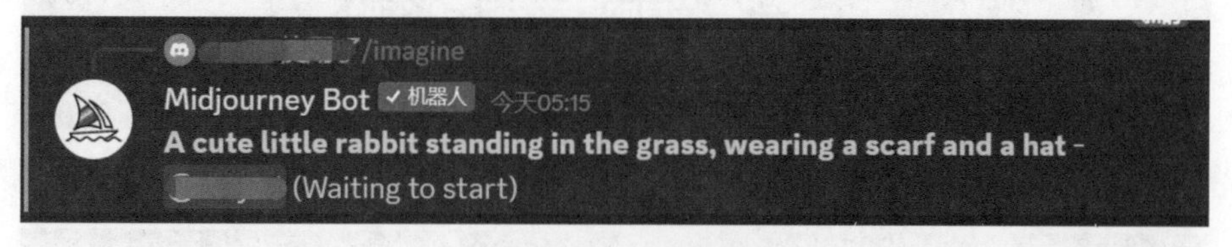

图6-3　文生图：提示词

图6-4　Midjourney Bot生成新图

6.1.3 混合生图

混合生图是将图像和文字结合起来生成新图的方式。用户可以上传图像和输入提示词，让Midjourney Bot将它们融合在一起，生成新的创意图像。

混合生图方式非常适合用于将图像和文字结合的创作，以上传的图片作为基础参考，结合文字提示，对画面进行更细致的描述和控制，以达到自己想要的生图效果。混合生图提示图、提示词和生图内容如图6-5~图6-7所示。

图6-5 混合生图：提示图

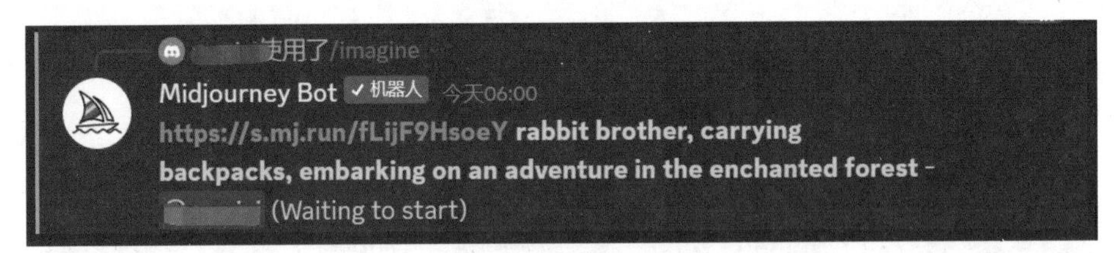

图6-6 混合生图：提示词

图6-7 Midjourney Bot生成新图

6.1.4 Remix生图

Remix mode（重混模式）是Midjourney目前开放的实验功能，其作为一种生图模式，允许用户在图像生成的后期阶段修改提示词、参数、模型版本或画面比例，从而产生多样的变化。使用Remix mode，用户可以灵活地编辑图像生成过程中的提示词，控制提示词单项或多项变量，从而实现多样化且精准的创意思路表达。Remix mode提示词文本框和生图内容如图6-8和图6-9所示。

图6-8 Remix mode提示词文本框

图6-9 Midjourney Bot生成新图

6.2 如何使用Midjourney生图

前文中，我们介绍了Midjourney不同生图模式的概念和特点，并展示了相关的对比图像。接下来，我们将详细讲解不同生图方式的操作步骤，以帮助读者顺利上手实操。

6.2.1 图生图应用

本小节中，我们将详细介绍图生图的具体操作步骤，以帮助读者快速上手进行图生图AI图像创作。

1 准备两张任意格式的图像，此处我们用两张由Midjourney生成的图像作为示例，如图6-10所示。

图6-10　原始图像

2 登录Midjourney服务器，在服务器底部的输入框中，双击⊕按钮，弹出“打开”对话框，选择事先准备好的图像并单击“打开”按钮，如图6-11所示。

3 打开后的图像将出现在输入框的上方，如图6-12所示，按Enter键上传图像。

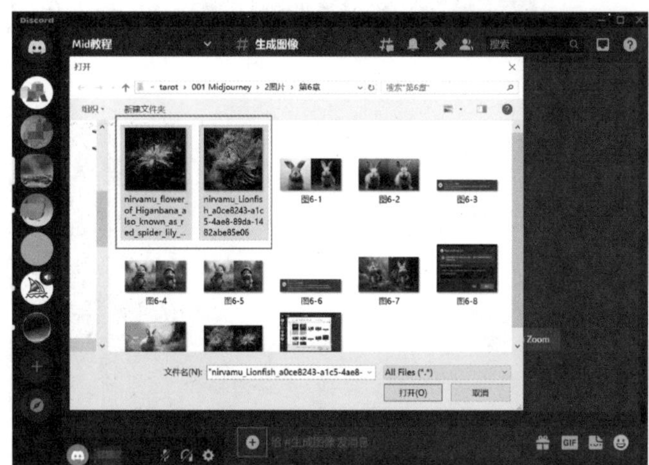

图6-11　弹出“打开”对话框并选择图像

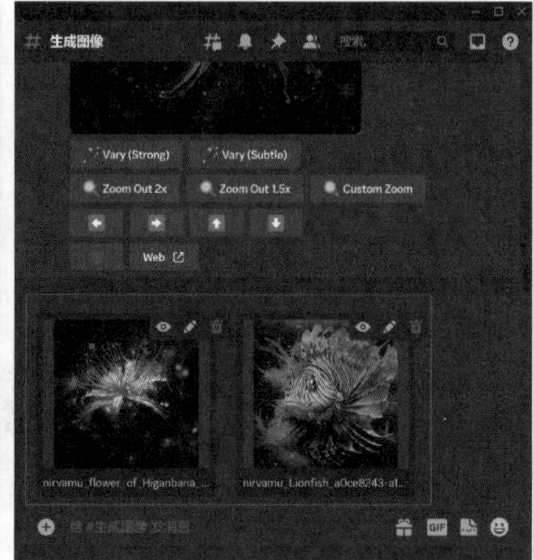

图6-12　上传图像

4 上传完成后的图像将出现在对话窗口中，如图6-13所示。

5 在图像上右击，在弹出的选项菜单中选择“复制链接”，复制图像的地址，如图6-14所示。

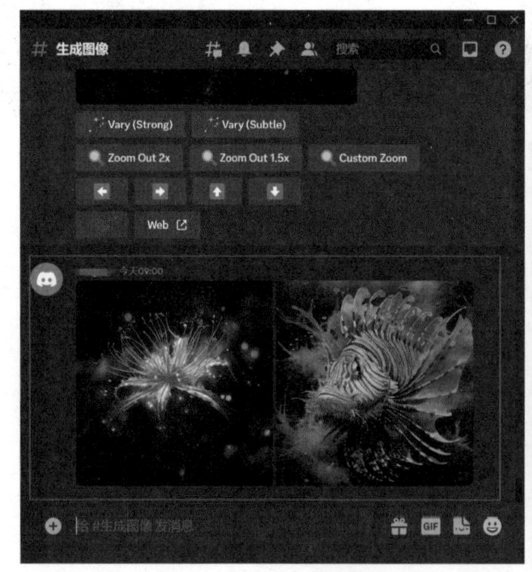

图6-13　图像上传完成

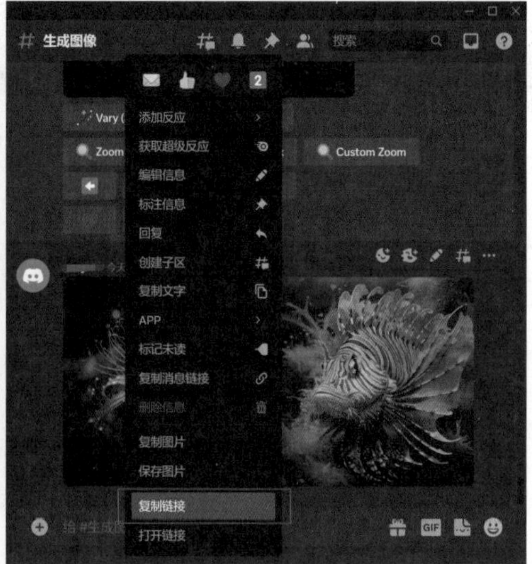

图6-14　复制图像的地址

6 回到Midjourney服务器底部输入框，输入“/imagine”指令，按Enter键，出现“prompt”文本框，

在“prompt”文本框中依次粘贴前文复制的图像地址，两个地址间用空格分隔，并按Enter键发送地址，如图6-15所示。

7 地址上传后，Midjourney Bot将根据素材图像内容生成4幅初始图像，如图6-16所示。

温馨提示

若对初始图像效果不满意，可以单击图像右下方的按钮，重新生成4幅初始图像。

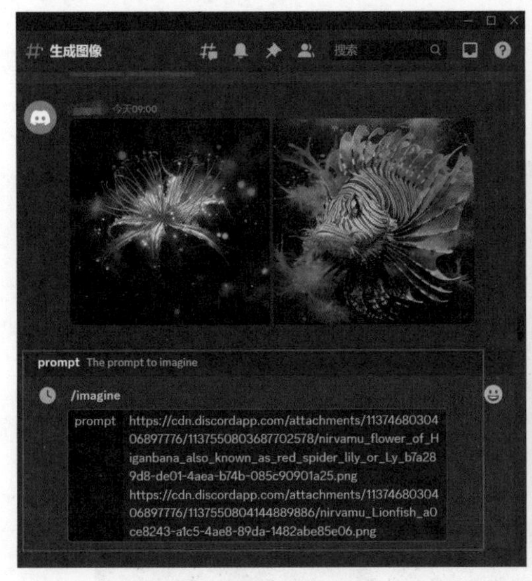

图6-15　输入图像的地址

图6-16　生成初始图像

8 单击初始图像下方的“U4”按钮，Midjourney Bot将对第四幅图进行升档处理，输出为单张成图，如图6-17所示。

9 得到满意的成图后，单击成图将其放大，然后单击放大后图像下方的“在浏览器中打开”，如图6-18所示，跳转至新窗口预览。在新窗口中的高清图片上右击，选择“图片另存为”选项保存作品。

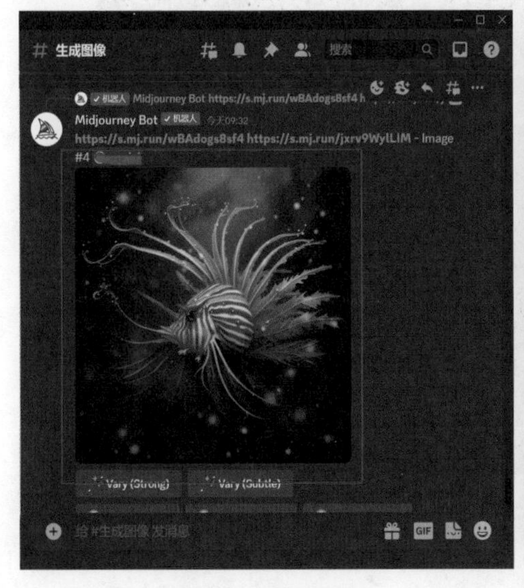

图6-17　图像升档

图6-18　单击“在浏览器中打开”

6.2.2 文生图应用

本小节中，我们将详细介绍文生图的具体操作步骤，以帮助读者快速上手进行文生图AI图像创作。

1 登录Midjourney服务器，在底部的输入框中输入“/imagine”指令，按Enter键，出现“prompt”文本框，在“prompt”文本框中输入提示词“Imaginatively beautiful paths filled with colorful Chinese lanterns, subtle soft light, stunning flower pot decorations along the paths, dark gold lighting, long shots --ar 16:9”（虚幻美丽的小径上挂满了五颜六色的中式灯笼，光线细腻柔和，小径旁的花盆装饰令人惊叹，暗金色的灯光，长镜头），按Enter键发送，如图6-19所示。

2 Midjourney Bot将生成4张初始图，如图6-20所示。

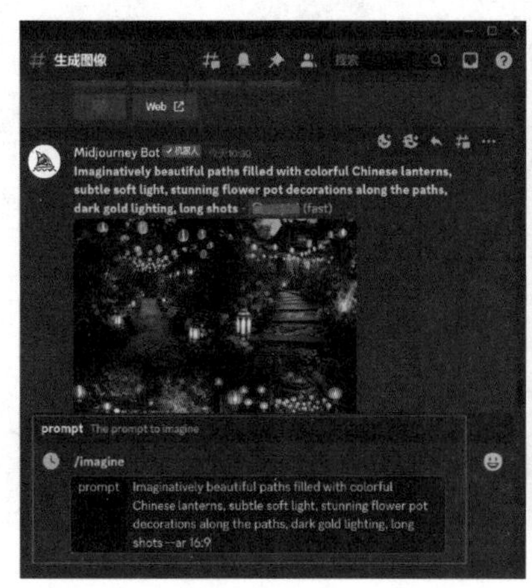

图6-19 输入提示词

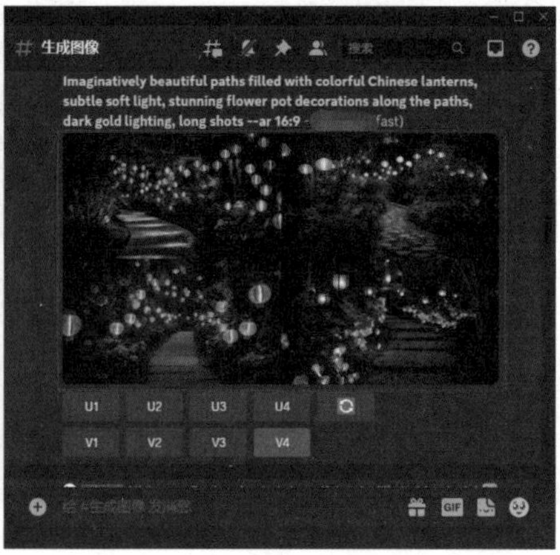

图6-20 生成初始图像

3 单击初始图下方的“V4”按钮，Midjourney Bot将对第四幅图进行自动变化，如图6-21所示。

4 单击变化得到的图像下方的“U1”按钮，Midjourney Bot将对第一幅图进行升档处理，并输出为单张成图，如图6-22所示。

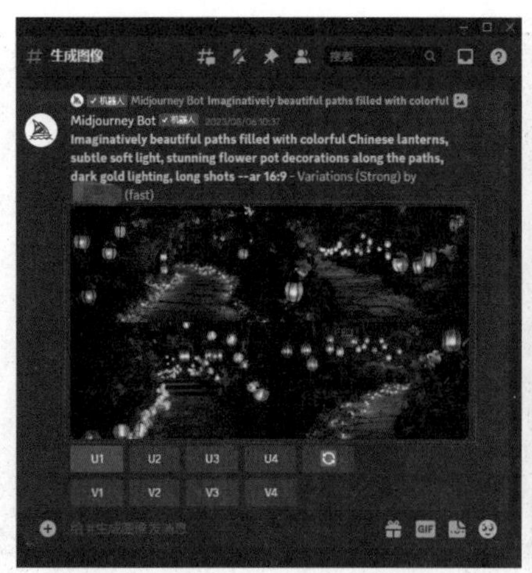

图6-21 初始图像自动变化

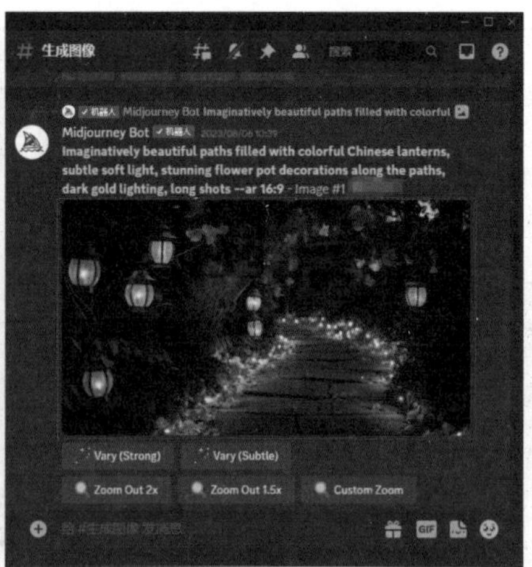

图6-22 变化后的图像升档

温馨提示

此时若对成图效果不满意，可重复第3步和第4步，对图片多次进行变化，直至得到满意的作品。

5 得到满意的成图后，单击成图将其放大，然后单击放大后图像下方的“在浏览器中打开”，如图6-23所示，跳转至新窗口预览。

图6-23　成图预览

6 在新窗口打开的高清图像上右击，在弹出的快捷菜单中选择“图片另存为”选项保存作品，作品成图如图6-24所示。

图6-24　高清成图展示

6.2.3　混合生图应用

“混合生图”是一种结合了“图生图”和“文生图”的方式，它在生成图片的过程中结合了图片和文字进行生图。本小节中，我们将详细介绍混合生图的具体操作步骤，以帮助读者快速上手进行混合生图创作。读者可以根据需求灵活变换或重复其中的步骤，具体操作步骤如下。

1 准备一张图片，上传至Midjourney服务器，如图6-25所示。

温馨提示

混合生图方式可以上传多张图像素材作为参考，上传步骤请参考6.2.1小节中第1步至第3步，此处不再重复讲解。

2 在底部输入框中输入“/imagine”指令，将已上传的图像素材地址复制到“prompt”文本框内，用空格与提示词分隔，之后输入提示词“Epic modern fantasy unicorn, glowing earth, lightning strikes, abstract, high quality, UHD Luminous, ambient occlusion, volumetric lighting --iw .1”（史诗般的现代幻想独角兽，发光的大地，闪电，抽象，高品质，UHD发光，环境光遮罩，体积照明），按Enter键发送，如图6-26所示。

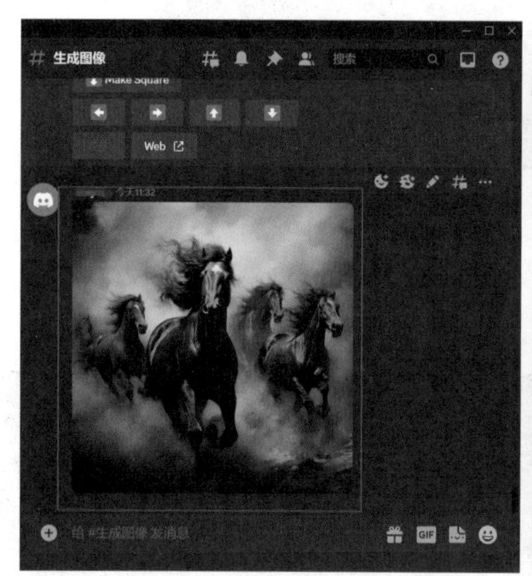

图6-25　上传图像素材

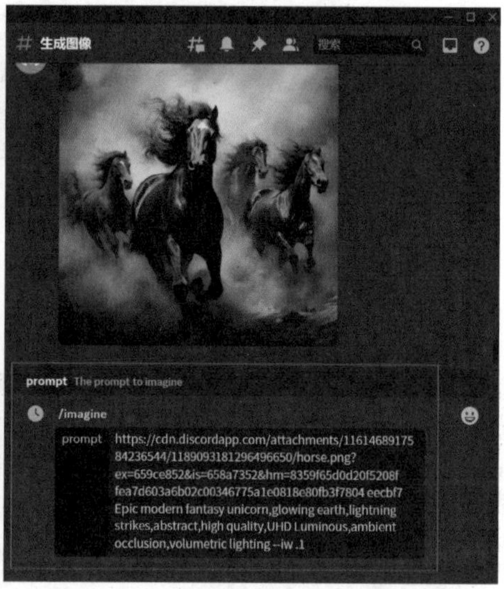

图6-26　输入图像素材地址及提示词

3 Midjourney Bot将生成4张初始图，如图6-27所示。

4 单击初始图片下方的“V3”按钮，Midjourney Bot将对第三幅图片进行自动变化，如图6-28所示。

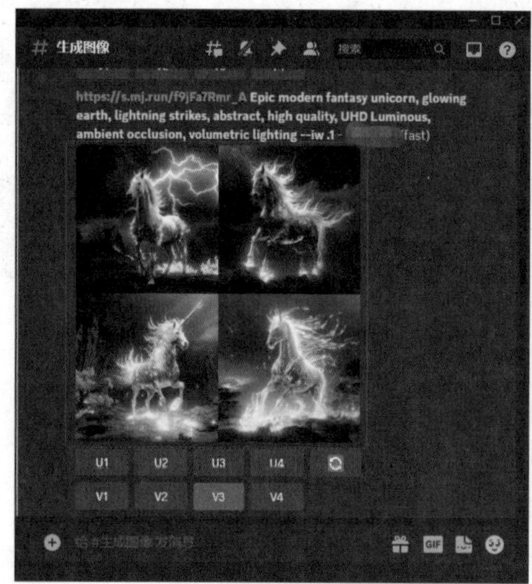

图6-27　生成初始图

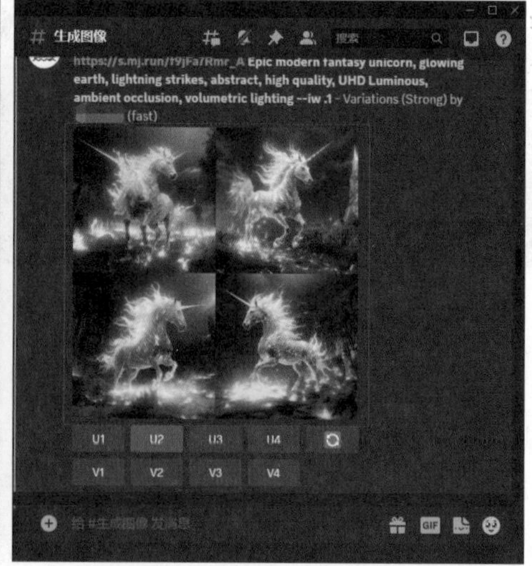

图6-28　初始图片自动变化

5 单击变化得到的图像下方的“U2”按钮，机器人将对第二幅图进行自动升档处理，并输出为单张成图，如图6-29所示。

6 得到满意的成图后，单击成图将其放大，然后单击放大后图片下方的“在浏览器中打开”，跳转至新窗口预览。在新窗口的高清图片上右击，选择“图片另存为”选项保存作品，如图6-30所示。

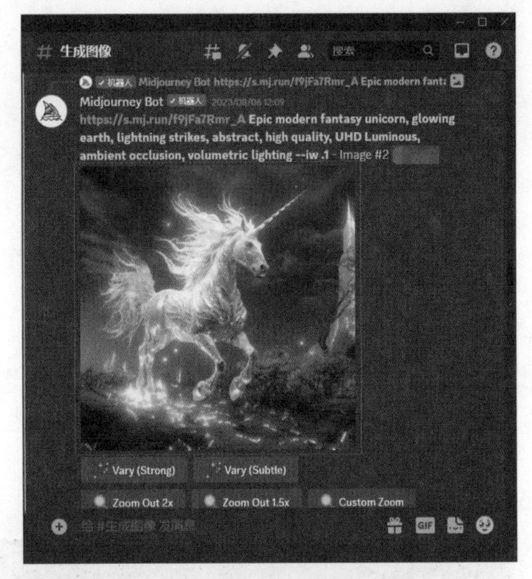

图6-29　变化后的图片升档

图6-30　高清成图展示

6.2.4 Remix生图应用

Remix（重混）可以应用于图生图、文生图或混合生图过程中任一操作指令发出后。本小节中，我们将详细介绍Remix的具体操作步骤，以帮助读者快速上手进行Remix生图操作。

1 登录Midjourney服务器，在服务器下方输入框中输入指令“/settings”进入全局默认参数设置窗口，单击“Remix mode”按钮，开启Midjourney的重混模式功能，如图6-31所示。

2 Remix mode开启后，在底部的输入框中输入“/imagine”指令，按Enter键，出现“prompt”文本框，在“prompt”文本框中输入提示词“Imagine angel, beautiful, magical, mirror, glass, magic circle, fantasy, mist, light, white, nebula, surreal, illusory angel --ar 2:3”（想象天使、美丽、神奇、镜子、玻璃、魔法阵、幻想、雾、光、白色、星云、超现实、虚幻天使），按Enter键发送并生成初始图，如图6-32所示。

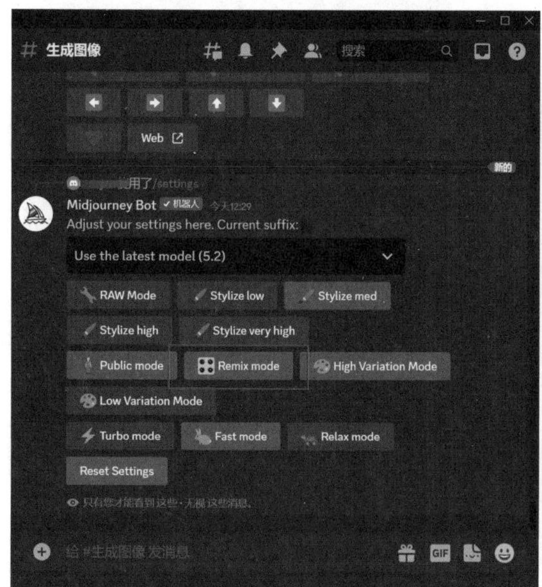

图6-31　开启Remix mode

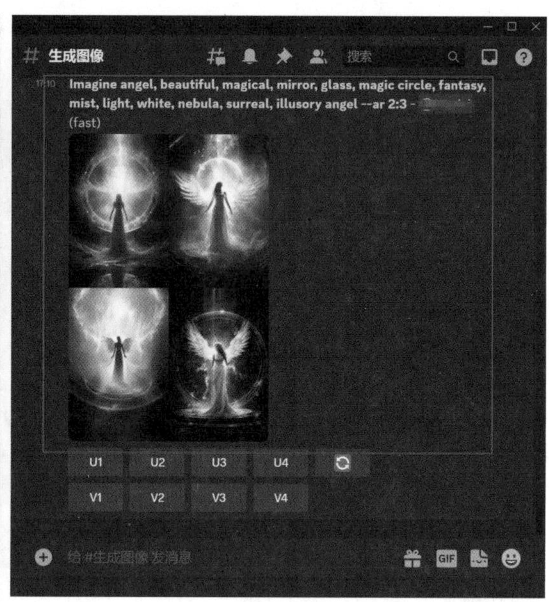

图6-32　生成初始图

3 单击初始图下方的“V1”按钮，弹出“Remix Prompt”对话框，对提示词进行修改，然后单击“提交”按钮进行图像重混，如图6-33所示。

图6-33　修改Remix提示词

4 Midjourney Bot根据新提示词，以第一幅图像为基础，重新生成4幅图，如图6-34所示。

5 单击重混得到的图像下方的“U4”按钮，Midjourney Bot将对第四幅图进行升档处理，并输出为单张成图，如图6-35所示。

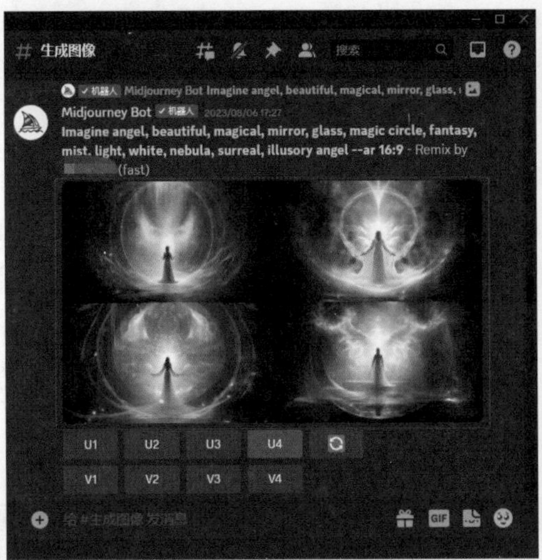

图6-34　重新生成图片

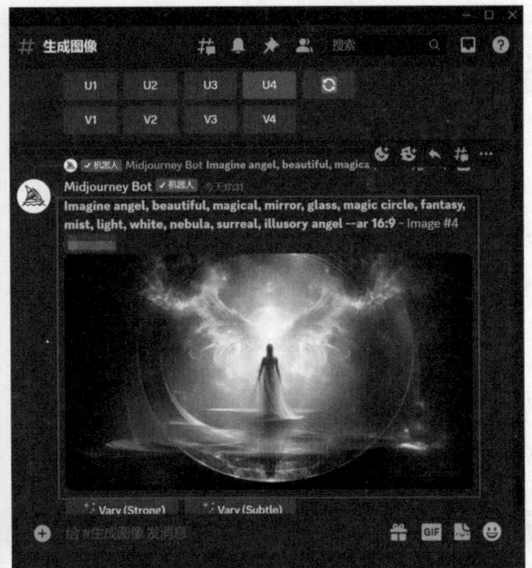

图6-35　重混后的图片升档

6 得到满意的成图后，单击成图将其放大，然后单击放大后图片下方的“在浏览器中打开”，跳转至新窗口预览。在新窗口的高清图片上右击，选择“图片另存为”选项保存作品，如图6-36所示。

图6-36　高清成图展示

6.3 实战：Midjourney图像风格化生成

前文中，我们已经详细介绍了图生图应用、文生图应用、混合生图应用和Remix生图应用的操作方法。接下来的风格化生图实战案例中，我们将从文生图应用开始，事先调试一组基础图像，然后运用第5章介绍的Seed参数来辅助控制提示词变量，从而生成具有类似特征但风格不同的全新图像。

6.3.1 基础图生成

在本小节中，我们将分为两个部分进行，先通过Midjourney生成初始图，然后读取初始图的Seed参数，将其作为之后实战案例中后缀参数来运用。

1. Midjourney基础图像生成

1 在Midjourney底部输入框中输入“/imagine”指令，按Enter键，出现“prompt”文本框，在“prompt”文本框中输入提示词“Realistic photography captures a 25-year-old Asian woman sitting by the window in a cafe, engrossed in reading a book. A cup of coffee is next to her, and the soft sunlight illuminates the scene, creating a gentle and soothing atmosphere”（写实摄影，一位25岁的亚洲女士坐在咖啡厅的窗边阅读，手边有一杯咖啡，阳光柔和，氛围温柔），按Enter键发送，如图6-37所示。

2 Midjourney Bot生成初始图，如图6-38所示。

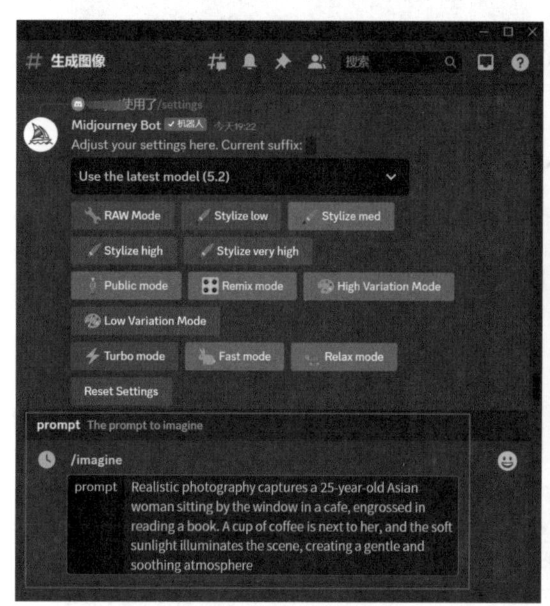

图6-37 输入提示词

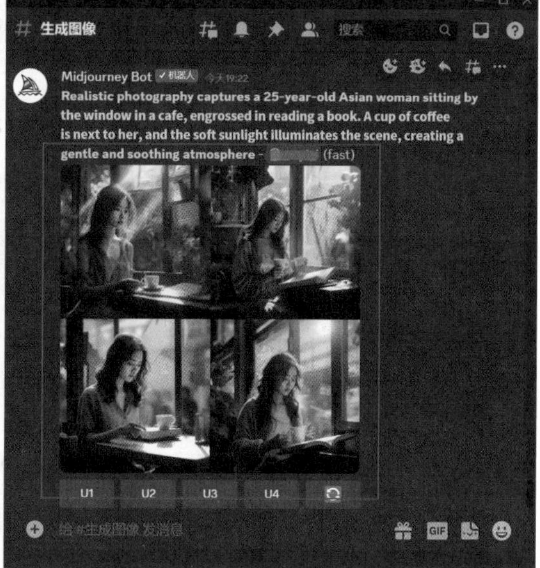

图6-38 生成初始图

2. 基础图的Seed参数读取

前面已详细介绍过Seed参数读取的方法。根据5.3.2小节的步骤，获取该图的Seed参数，用于后续不同风格的图片生成，读取Seed参数如图6-39所示。

图6-39 读取Seed参数

6.3.2 案例一：油画材质图像生成

本小节将运用前文读取的Seed参数，更换提示词，生成油画材质的图像。

1 读取Seed参数值：1947509733。

2 在Midjourney底部输入框中输入“/imagine”指令，按Enter键，出现“prompt”文本框，在“prompt”文本框中输入“Oil Painting Materials, a 25-year-old Asian woman sitting by the window in a cafe, engrossed in reading a book. A cup of coffee is next to her, and the soft sunlight illuminates the scene, creating a gentle and soothing atmosphere --seed 1947509733”（油画材质，一位25岁的亚洲女士坐在咖啡厅的窗边阅读，手边有一杯咖啡，阳光柔和，氛围温柔）。

3 Midjourney Bot根据提示词和Seed后缀参数生成相似环境的油画材质初始图，如图6-40所示。

4 单击初始图下方的“V4”按钮，弹出“Remix Prompt”对话框，调整提示词图片宽高比后缀参数为“--ar 2:3”，单击“提交”按钮进行图像重混，如图6-41所示。

图6-40 生成初始图

图6-41 调整图像宽高比

5 Midjourney Bot根据新提示词，以第四幅图为基础，重新生成4幅宽高比为2:3的图，如图6-42所示。

6 单击重混得到的图像下方的“U3”按钮，Midjourney Bot将对第三幅图进行升档处理，并输出为单张成图，如图6-43所示。

图6-42 重新生成图片

图6-43 重混后的图片升档

7 得到满意的成图后，单击成图将其放大，然后单击放大后图片下方的“在浏览器中打开”，跳转至新窗口预览。在新窗口的高清图片上右击，选择“图片另存为”选项保存作品，如图6-44所示。

图6-44 高清成图展示

6.3.3 案例二：水彩画材质图像生成

本小节将运用前文读取的Seed参数，更换提示词，生成水彩画材质的图像。

1 读取Seed参数值：1947509733。

2 在Midjourney底部输入框中输入“/imagine”指令，按Enter键，出现“prompt”文本框，在“prompt”文本框中输入“Watercolor Painting Materials, a 25-year-old Asian woman sitting by the window in a cafe, engrossed in reading a book. A cup of coffee is next to her, and the soft sunlight illuminates the scene, creating a gentle and soothing atmosphere --seed 1947509733”（水彩画材质，一位25岁的亚洲女士坐在咖啡厅的窗边阅读，手边有一杯咖啡，阳光柔和，氛围温柔）。

3 Midjourney Bot根据提示词和Seed后缀参数生成相似环境的水彩画材质初始图，如图6-45所示。

4 单击初始图下方的“V1”按钮，弹出“Remix Prompt”对话框，调整提示词图片宽高比后缀参数为“--ar 2:3”，并增加水彩特征形容词“Staining, bright and vivid colors”（晕染，颜色鲜艳明亮），单击“提交”按钮进行图像重混，如图6-46所示。

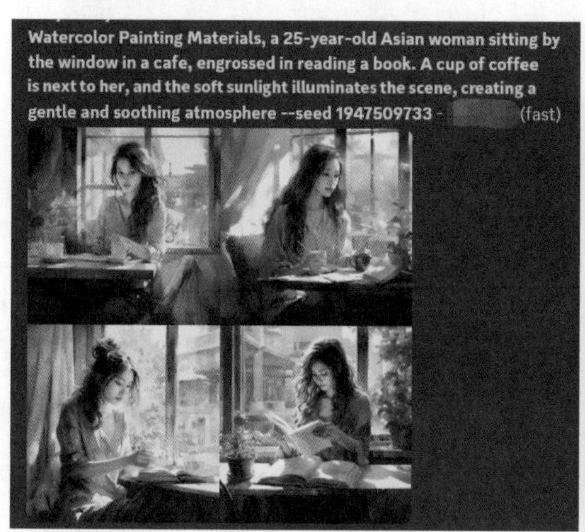

图6-45　生成初始图

图6-46　调整图像提示词

5 Midjourney Bot根据新提示词，以第一幅图为基础，重新生成4幅宽高比为2:3的图，并调整了图像的色彩与笔触，如图6-47所示。

6 单击重混得到的图像下方的“U3”按钮，Midjourney Bot将对第三幅图进行升档处理，并输出为单张成图，如图6-48所示。

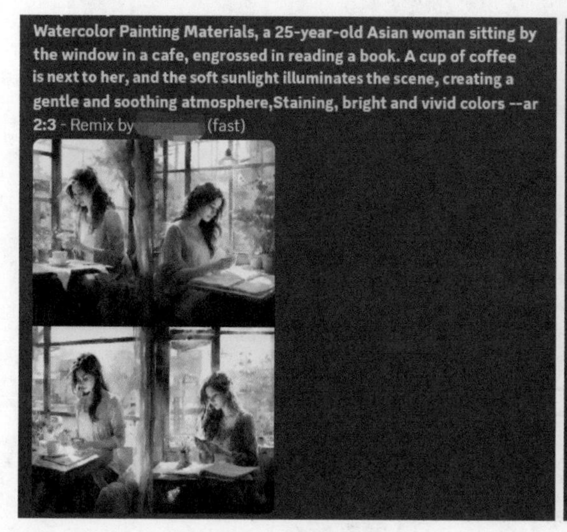

图6-47　重新生成图片

图6-48　重混后的图片升档

7 得到满意的成图后，单击成图将其放大，然后单击放大后图片下方的“在浏览器中打开”，跳转至新窗口预览。在新窗口的高清图片上右击，选择“图片另存为”选项保存作品，如图6-49所示。

图6-49　高清成图展示

6.3.4 案例三：混合模式创意图生成

本小节将以6.3.1小节生成的基础图为底图，上传给Midjourney Bot作为参考图像，在结合Midjourney社区热点提示词的基础上，进行创意图的生成与探索。

在前文中，我们已经详细介绍了Midjourney的生图步骤，因此本小节将不再重复叙述这些步骤，而是直接呈现输入的提示词和相应的成图。

上传至Midjourney Bot的参考图像如图6-50所示。

图6-50 参考图像

1 输入提示词“素材地址+Luminescent neon victorian paper quilling fashion, ornate opulent dress made of intricate layered glowing paper forms, cyberdelic neo-victorian aesthetic, colorful neon lighting, bokeh --ar 2:3”（发光霓虹维多利亚纸艺时尚，华丽繁复的服装由复杂的分层发光纸张形成，赛博迪克新维多利亚美学，色彩丰富的霓虹灯照明，焦外成像），生成的图像如图6-51所示。

图6-51　创意图：纸艺时尚

2 输入提示词“素材地址+Futuristic dress, fashion concept, led lights, beautiful, cinematic lighting, crystal clear feel, high quality, fine-art print, futuristic background, colorful, award-winning fashion photography, professional color grading, clean sharp focus, clean details”（未来主义服装，时尚概念，LED 灯，美丽，电影般的灯光，水晶般的清晰感，高品质，美术印刷，未来主义背景，色彩丰富，屡获殊荣的时尚摄影作品，专业调色，清晰锐利的焦点，清晰的细节），生成的图像如图 6-52 和图 6-53 所示。

图6-52　创意图：未来主义服装1

图6-53　创意图：未来主义服装2

3 输入提示词“素材地址+ The image shows a woman surrounded by lots of flowers, in the style of Ray Caesar, intricate underwater worlds, mushroomcore, sculptural costumes, cinestill 50d, gemstone, dark aquamarine and pink --ar 2:3”（图片展示了一位被大量鲜花环绕的女性，采用Ray Caesar风格，错综复杂的水下世界，蘑菇核心，雕塑服装，cinestill 50d，宝石，深海蓝和粉色），生成的图像如图6-54所示。

4 输入提示词“素材地址+A futuristic sci-fi robotic alien --ar 2:3”（一个未来科幻风格的机器人外星人），生成的图像如图6-55所示。

图6-54　创意图：鲜花环绕

图6-55　创意图：机器人

5 输入提示词“素材地址+Bauhaus, a hyperrealistic movie scene from 2023, a modern Mona Lisa woman, intricate details, hyperrealistic, cinematic light --ar 2:3”（包豪斯，2023年的超现实主义电影场景，现代蒙娜丽莎女郎，细节错综复杂，超现实主义，电影般的光线），生成的图像如图6-56所示。

图6-56　创意图：现代蒙娜丽莎女郎

6 输入提示词“素材地址+Disney princess snow white classic Hollywood actress portrait headshot --ar 2:3”（迪士尼公主白雪公主经典好莱坞女演员肖像头像），生成的图像如图6-57所示。

7 输入提示词“素材地址+Asian woman in white clothes, pearls, white butterflies fly in front of the camera, photography, light emerald and shallow aquamarine style, dreamy and romantic composition, dark pink and light gray, film, renaissance style, light green and gray, soft and breathable composition --ar 2:3”（身着白色衣服的亚洲女性，珍珠，白色蝴蝶在镜头前飞舞，摄影，浅翡翠色和浅海蓝风格，梦幻浪漫的构图，深粉色和浅灰色，胶片，文艺复兴风格，浅绿色和灰色，柔和透气的构图），生成的图像如图6-58所示。

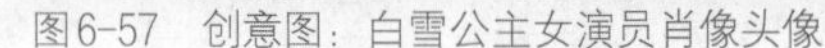

图6-57　创意图：白雪公主女演员肖像头像

图6-58　创意图：身着白色衣服的亚洲女性

本章小结

在本章中，我们详细介绍了Midjourney生成图片的不同方式，为读者提供了全面的使用指导和实战案例。其中，图生图通过上传现有的图像至Midjourney服务器来生成全新的图片；文生图是Midjourney使用频率最高的生图方式；混合生图将图生图、文生图结合，为用户提供了更多样化的图片生成途径；Midjourney的Remix生图方式可以在图片生成的过程中调整提示词，让用户根据创作需求对图片进行精细化控制，以获得更佳的图像效果。

在下一章中，我们将探索Midjourney在设计领域的应用，让读者了解和掌握更多Midjourney在设计领域的实用技巧。

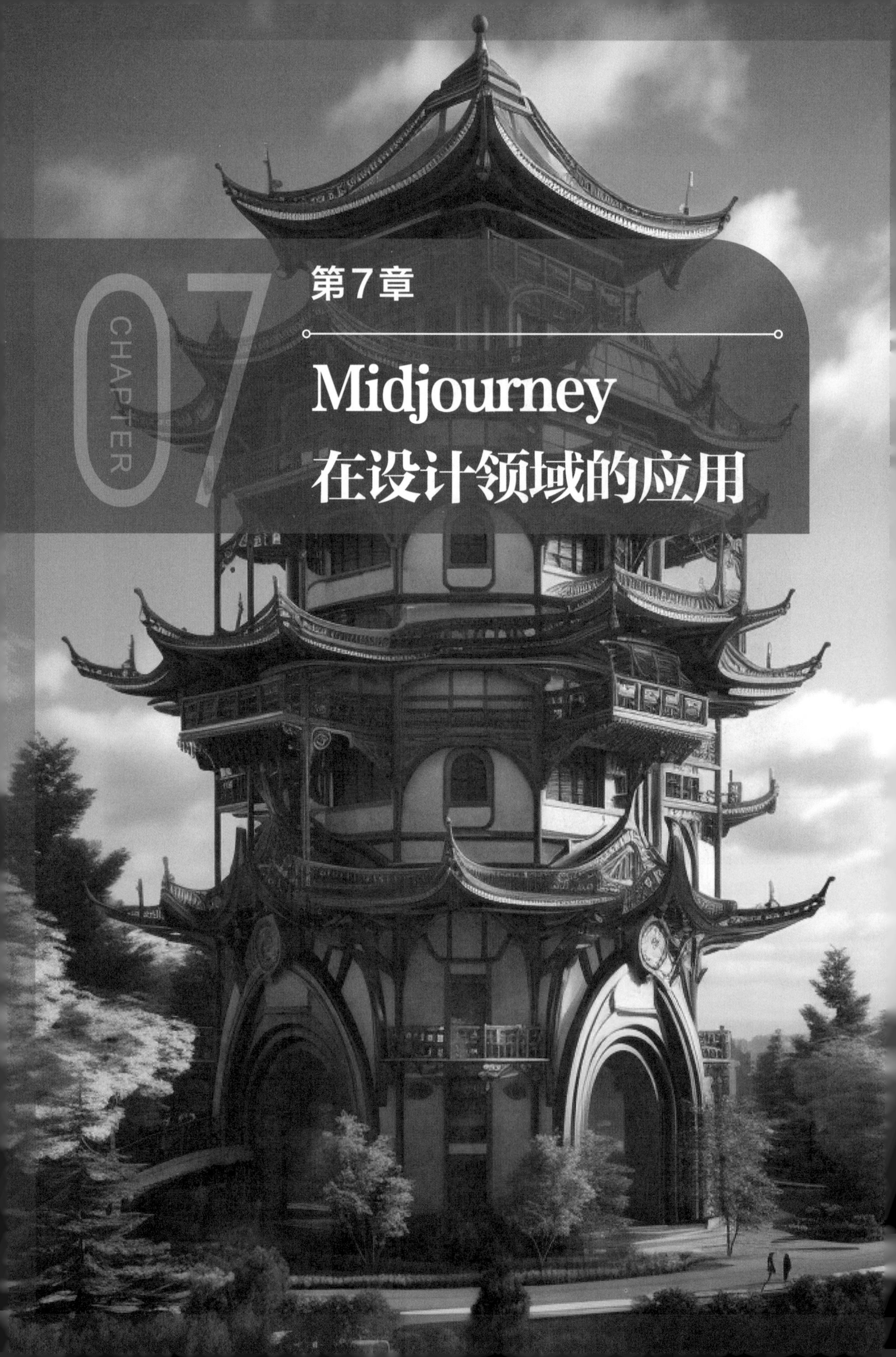

07 CHAPTER

第7章

Midjourney 在设计领域的应用

本章导读

Midjourney的应用场景非常多元化，本章将探索Midjourney在设计领域的应用。Midjourney作为一款功能强大的图像生成工具，为平面设计、产品设计、室内设计、建筑设计、时尚设计及工业设计等领域提供了丰富的创作可能性。

我们先介绍Midjourney在平面设计领域的应用，提供平面设计提示词参考，帮助读者快速获得创作灵感；同时，还展示了如何使用Midjourney制作Logo、海报和包装等平面设计作品，让读者脑中的创意成为现实。接着，我们将探讨Midjourney在产品设计领域的应用，并演示如何使用Midjourney生成椅子设计图和手机设计图，帮助读者更好地呈现产品设计的理念。之后，在7.3节至7.6节中，我们将依次介绍Midjourney在室内设计、建筑设计、时尚设计、工业设计领域的应用，以帮助读者创作出独具特色的作品。

通过学习本章内容，读者将深入了解Midjourney在设计领域的应用，提高创作效率与质量，实现更多样化的AI图像作品。

温馨提示

（1）在3.3节中，已经详细介绍了Midjourney生图的基础操作，接下来的实战示例将不再重复叙述操作步骤，而是直接提供提示词及初始生成图像。

（2）由于AI图像生成的随机性和系统操作环境的差异，读者使用相同提示词进行实操时，所得图像与本书提供图像将略有差异。

（3）本书所提供的提示词参考不局限于单一章节使用，读者可以通过穿插应用不同章节的提示词来探索更多图像生成结果。

（4）Midjourney生成的图像目前并不能准确表达自然语言的含义，因此在涉及文本的画面部分，通常会出现类似文字的“乱码”填充。例如，本章海报设计、包装设计图像中的文字部分，Midjourney会以相似的图符进行文字替代。因此，在实际设计过程中，我们通常在设计初始阶段，用Midjourney大量生成概念图来扩展思路。

7.1 Midjourney与平面设计

平面设计是一个艺术性的、充满创意的领域，而Midjourney作为一款功能强大的图像生成工具，为平面设计师提供了更多的创作灵感。在本节中，我们将深入探索Midjourney在平面设计领域的应用。通过提供平面设计提示词参考，帮助读者扩展提示词语料，之后演示使用Midjourney制作Logo、海报、包装设计，让读者可以快速上手使用Midjourney。

7.1.1 平面设计提示词参考

本小节总结了与平面设计相关的描述性提示词，以便读者在使用Midjourney的过程中随时查阅和应用，见表7-1。

表7-1　平面设计提示词

序号	主题	类别	提示词	
1	设计元素（Design Elements）	线条与形状（Lines and Shapes）	曲线的（Curved） 圆滑的（Sleek） 流畅的（Fluid）	渐变的（Gradated） 锐利的（Sharp） 几何的（Geometric）

续表

序号	主题	类别	提示词	
			手绘的（Hand-drawn） 雕刻的（Sculpted）	抽象的（Abstract） 线性的（Linear）
2		色彩与色调（Colors and Tones）	鲜艳的（Vibrant） 对比强烈的（High-contrast） 高饱和的（Highly Saturated） 明亮的（Bright） 温暖的（Warm）	柔和的（Soft） 单色的（Monochromatic） 柔和的（Subdued） 中性的（Neutral） 冷色调的（Cool-toned）
3		字体与排版（Fonts and Typography）	简约的（Minimalist） 手写的（Handwritten） 艺术性的（Artistic） 经典的（Classic） 装饰性的（Decorative）	非常规的（Unconventional） 几何的（Geometric） 立体的（3D） 现代的（Modern） 笔触（Brushstroke）
4		图像与插图（Images and Illustrations）	独特的（Unique） 幻想的（Fantastical） 抽象的（Abstract） 现实的（Realistic） 具象的（Representational）	可爱的（Adorable） 民间艺术风格（Folk Art Style） 传统的（Traditional） 梦幻的（Dreamy） 异国情调的（Exotic）
5		纹理与图案（Textures and Patterns）	自然的（Natural） 民族风情的（Ethnic） 细腻的（Delicate） 立体的（Stereoscopic） 手工艺的（Handcrafted）	几何的（Geometric） 随机的（Random） 粗糙的（Rough） 数字化的（Digital） 繁复的（Intricate）
6	设计主题（Design Themes）	神秘主义与超现实主义（Mysticism and Surrealism）	神秘的（Mysterious） 超自然的（Supernatural） 高深莫测的（Enigmatic） 幻觉的（Hallucinatory） 超现实的（Surreal）	魔幻的（Magical） 梦幻般的（Dreamlike） 玄妙的（Occult） 不可思议的（Unbelievable） 神秘主义的（Mystical）
7		复古与怀旧（Retro and Nostalgia）	复古的（Retro） 复古怀旧的（Vintage Nostalgic） 古风的（Antique-style） 上等的（Vintage）	古老的（Ancient） 经典的（Classic） 老式的（Old-fashioned）
8		抽象与实验（Abstract and Experiment）	抽象的（Abstract） 创新的（Innovative） 抽象表现主义（Abstract Expressionism）	实验性的（Experimental） 实验艺术（Experimental Art）

续表

序号	主题	类别	提示词
			抽象（Abstraction） 实验（Experimentation） 形象抽象的（Figuratively Abstract） 新颖的（Novel） 实验独特的（Experimental Unique）
9		太空与科幻（Space and Sci-fi）	太空（Space） 科幻的（Sci-fi） 星际的（Interstellar） 未来的（Futuristic） 外太空（Outer Space） 幻想科幻的（Fantasy Sci-fi） 宇宙的（Cosmic） 虚幻的（Illusory） 外星的（Extraterrestrial）
10		自然与植物（Nature and Plants）	自然的（Natural） 植物学的（Botanical） 生态的（Ecological） 生命力（Vitality） 绿色的（Green） 自然界（Nature's World） 饰以花的（Floral） 郁郁葱葱的草木（Lush Greenery）
11		文化与历史（Culture and History）	文化的（Cultural） 历史的（Historical） 传统的（Traditional） 多元文化的（Multicultural） 文化遗产（Cultural Heritage） 历史悠久（Rich in History） 文化传承（Cultural Inheritance） 历史故事（Historical Stories） 古老文化的（Ancient Cultural） 历史纪念（Historical Commemoration）
12		科技与数字化（Technology and Digitalization）	科技的（Technological） 数字的（Digital） 数字化的（Digitized） 网络的（Networked） 虚拟的（Virtual） 人工智能（Artificial Intelligence） 未来科技（Futuristic Technology）
13	设计风格（Design Styles）	极简主义（Minimalism）	简洁（Simplicity） 清晰（Clarity） 纯粹（Purity） 圆滑的线条（Sleek Lines） 极简的（Minimal） 空白留白（White Space） 简明的（Concise） 流线型的（Streamlined） 无多余装饰（No Excess Decoration） 简约之美（Beauty of Simplicity）
14		朋克与反主流文化（Punk and Counter-Culture）	叛逆的（Rebellious） 激进的（Radical） 不羁的（Unconventional） 反传统的（Anti-Traditional） 自由精神（Spirit of Freedom） 叛乱（Revolt） 反叛态度（Attitude of Rebellion） 无拘无束的（Unrestricted） 独立个性（Independent Individuality）
15		手绘与手工艺（Hand-drawn and Handcraft）	手工创作（Handcrafted Creation） 手绘风格（Hand-drawn Style） 手工元素（Handcrafted Elements） 手工质感（Handcrafted Texture） 手作艺术（Artisanal Craftsmanship） 手绘插画（Hand-drawn Illustration）

续表

序号	主题	类别	提示词
			手工制作（Handcrafted Production） 手工设计（Handcrafted Design） 手工笔触（Handcrafted Strokes） 手绘感（Hand-drawn Feeling）
16		光影与渐变效果（Light and Gradient Effects）	渐变颜色（Gradated Colors） 立体的（Three-dimensional） 色彩渐变（Color Gradients） 渐变过渡（Gradual Transitions） 光影交错（Interplay of Light and Shadow） 光影效果（Light and Shadow Effects） 高光与阴影（Highlights and Shadows） 立体效果（Three-dimensional Effect） 光影变幻（Changing Light and Shadow） 色调过渡（Tonal Transitions）
17		平面与立体结合（Combination of Flat and Three-dimensional）	扁平化设计（Flat Design） 视觉错觉（Visual Illusion） 透视效果（Perspective Effect） 3D效果（3D Effect） 立体造型（Three-dimensional Modeling） 立体感（Three-dimensional Sensation） 平面结合（Integration of Flat and Three-dimensional） 立体元素（Three-dimensional Elements） 立体构图（Three-dimensional Composition） 立体设计（Three-dimensional Design）
18		未来主义与科技感（Futurism and Technological Sense）	未来感（Futuristic） 科技科幻（Techno-fantasy） 数字化（Digitalization） 技术先进（Advanced Technology） 未来科技（Future Technology） 虚拟现实（Virtual Reality） 数字设计（Digital Design） 科技感（Technological Sense） 先进科技（Cutting-edge Technology） 未来科学（Future Science）
19		古典与传统（Classical and Traditional）	古典风格（Classical Style） 传统元素（Traditional Elements） 古风设计（Ancient-style Design） 经典艺术（Classic Art） 古代文化（Ancient Culture） 传统文化（Traditional Culture） 古典装饰（Classical Decoration） 传统美学（Traditional Aesthetics） 古代艺术（Ancient Art） 古老传统（Time-honored Tradition）

7.1.2 使用 Midjourney 制作 Logo

在本小节中，我们将使用Midjourney制作多个不同的Logo，以下是提示词内容及实际操作所得的初始图像。

1 输入提示词“A cafe logo, simple and elegant”（咖啡厅Logo，简洁优雅），生成的图像如图7-1所示。

2 输入提示词“A cafe logo, vintage and luxurious”（咖啡厅Logo，复古华丽），生成的图像如图7-2所示。

图7-1　咖啡厅简洁优雅Logo

图7-2　咖啡厅复古华丽Logo

图 7-3　咖啡厅徽章 Logo

3 输入提示词“A cafe logo, an abstract multi-layered engraved badge made of iron material”（咖啡厅Logo，由铁材质制成的抽象多层雕刻徽章），生成的图像如图 7-3 所示。

图 7-4　咖啡厅剪纸 Logo

4 输入提示词“A cafe logo, multi-layered paper-cut design, in monochrome”（咖啡厅Logo，多层剪纸，单色），生成的图像如图 7-4 所示。

7.1.3 使用 Midjourney 制作海报

在本小节中，我们将使用Midjourney制作多张不同的海报，以下是提示词内容及实际操作所得的初始图像。

1 输入提示词"Hollywood science fiction movie promotional poster featuring an astronaut floating in space, with a backdrop of deep space and star charts. The poster includes prominent and secondary text titles --ar 2:3"（好莱坞科幻电影宣传海报，宇航员飘浮在太空，背景有深空和星图。海报包括主次文字标题），生成的图像如图7-5所示。

图7-5 科幻电影宣传海报

2 输入提示词“National Geographic Earth documentary poster featuring oceans, animals, and plants. The poster includes prominent and secondary text titles --ar 2:3”（国家地理的地球纪录片海报，以海洋、动物和植物为特色。海报包括主次文字标题），生成的图像如图7-6所示。

图7-6　纪录片海报

3 输入提示词“French art film poster with live-action and silhouettes. The poster includes prominent and secondary text titles --ar 2:3”（法式文艺片海报，配有真人和剪影。海报包括主次文字标题），生成的图像如图7-7所示。

图7-7　文艺片海报

7.1.4 使用 Midjourney 制作包装

在本小节中，我们将使用Midjourney制作多个不同的产品包装，以下是提示词内容及实际操作所得的初始图像。

1 输入提示词“Product design, tea packaging with a fresh and elegant Morandi color palette”（产品设计，茶叶包装设计，清新淡雅的，莫兰迪色系），生成的图像如图7-8所示。

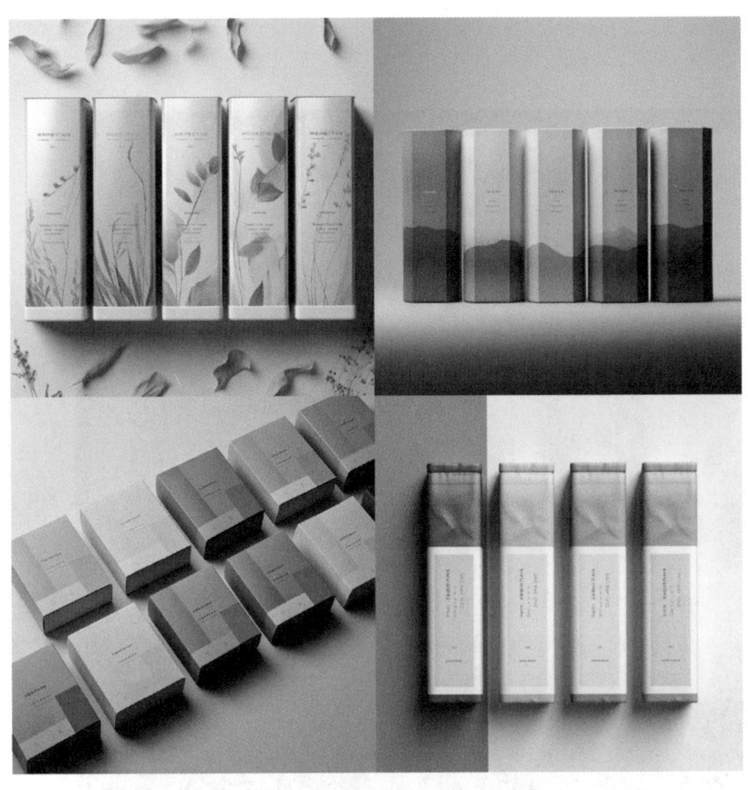

图7-8　茶叶包装设计

2 输入提示词“Product design, coffee packaging with a creative and whimsical concept, featuring bold color contrasts”（产品设计，咖啡包装设计，创意荒诞，色彩对比鲜明），生成的图像如图7-9所示。

图7-9　咖啡包装设计

3 输入提示词“Cake packaging design, eco-friendly paper box with a transparent window, featuring a simple and minimalist design”（蛋糕包装设计，环保纸盒，带透明视口，设计简约），生成的图像如图7-10所示。

图7-10 蛋糕包装设计

4 输入提示词“Flower packaging box design with geometric elements, inspired by the Mediterranean style”（鲜花包装盒设计，几何元素，地中海风格），生成的图像如图7-11所示。

图7-11 鲜花包装盒设计

7.2 Midjourney与产品设计

与前文的平面设计类似，产品设计也是一个注重艺术性和创意的领域，它涵盖了各种不同类型的产品，从日常用品到高科技设备，内容十分丰富。在本节中，我们将深入探索Midjourney在产品设计领域的应用，通过提供产品设计提示词参考，帮助读者扩展提示词语料，之后演示使用Midjourney进行座椅设计、手机设计等图像生成。通过阅读本节的内容，读者可以快速上手使用Midjourney，从而在产品设计过程中获得更多创意和灵感。

7.2.1 产品设计提示词参考

本小节总结了与产品设计相关的描述性提示词，以便读者在使用Midjourney的过程中随时查阅和应用，见表7-2。

表7-2 产品设计提示词

序号	主题	类别	提示词
1	产品类型（Product Types）	移动应用（Mobile Applications）	社交的（Social） 便捷的（Convenient） 创新的（Innovative） 智能的（Intelligent） 用户友好型的（User-friendly） 多功能的（Multifunctional）
2		家居产品（Home Products）	沙发（Sofa） 茶几（Coffee Table） 电视柜（TV Stand） 空调（Air Conditioner） 餐桌（Dining Table） 餐椅（Dining Chairs） 冰箱（Refrigerator） 毛巾（Towels） 电风扇（Electric Fan） 吸尘器（Vacuum Cleaner） 音响设备（Audio Equipment） 电视（Television / TV） 曲面电视（Curved TV） 手机/智能手机（Mobile Phone / Smartphone） 书架或展示柜（Bookshelf or Display Cabinet） 落地灯或台灯（Floor Lamp or Table Lamp） 餐巾纸或餐桌布（Napkins or Tablecloths） 餐具（碟子、碗、杯子、刀具等）（Tableware—Plates, Bowls, Cups, Cutlery, etc.）
3		软件界面（Software Interfaces）	直观简洁的（Intuitive and Simple） 交互设计（Interactive Design） 可定制化的（Customizable） 用户体验（User Experience） 流畅性（Smoothness） 操作便捷（Convenient Operation） 一致性（Consistency）
4	设计风格（Design Styles）	现代主义（Modernism）	简约（Simplicity） 功能性（Functionality） 清晰（Clarity） 几何形状（Geometric Shapes） 强调线条（Emphasis on Lines） 中性色调（Neutral Color Palette） 简单精致（Simple Elegance） 无冗余（No Redundancy） 开放空间（Open Space） 先进科技（Advanced Technology）

续表

序号	主题	类别	提示词
5		扁平化设计（Flat Design）	平面化（Flatness） 简单图标（Simple Icons） 清晰排版（Clear Typography） 简洁风格（Simplicity in Style） 鲜明色彩（Vibrant Colors） 直观的（Intuitive） 无阴影（No Shadows） 直线与曲线（Lines and Curves）
6		自然有机（Natural and Organic）	有机形态（Organic Forms） 柔和色调（Soft Color Tones） 环保的（Eco-friendly） 有机质感（Organic Textures） 舒适的（Comfortable） 自然元素（Natural Elements） 流动感（Fluidity） 仿生设计（Biomimetic Design） 自然纹理（Natural Texture） 自然环境（Natural Environment）
7		艺术装饰（Artistic Decoration）	独特个性（Unique Individuality） 丰富细节（Rich Details） 文化韵味（Cultural Charms） 艺术表现（Artistic Expression） 复古元素（Vintage Elements） 艺术风格（Artistic Style） 奢华感（Luxurious Feel） 精美图案（Exquisite Patterns） 精品装饰（Elaborate Decoration） 古典美（Classic Beauty）
8	图形元素（Graphic Elements）	图标与标志（Icons and Logos）	简洁明了（Clear and Concise） 符号化的（Symbolic） 可缩放的（Scalable） 直观表达（Intuitive Representation） 品牌标识（Brand Identity） 易辨识的（Easily Recognizable） 矢量图（Vector Graphics） 图形化的（Graphical） 有代表性的（Representative）
9		插图与图案（Illustrations and Patterns）	富有创意的（Creative） 手绘风格（Hand-drawn Style） 可定制化的（Customizable） 视觉叙事（Visual Storytelling） 多样性（Diversity） 可视化信息（Visualized Information） 独特形象（Distinctive Images） 图形表达（Graphic Expression） 有趣的（Entertaining） 印象深刻的（Memorable）
10		颜色渲染（Color Rendering）	鲜明醒目的（Bold and Eye-catching） 色彩丰富（Rich Colors） 色彩心理学（Color Psychology） 色彩层次（Color Gradation） 饱和度（Saturation） 情感表达（Emotional Expression） 色调搭配（Color Combinations） 平衡运用（Balanced Application） 渐变效果（Gradient Effects） 色彩对比（Color Contrast）
11	视觉层次（Visual Hierarchy）	重点与焦点（Emphasis and Focus）	突出内容（Highlighting Content） 关键信息（Key Information） 显眼位置（Prominent Placement） 视觉重心（Visual Center of Gravity） 视觉引导（Visual Guidance） 吸引目光（Attracting Attention） 视觉导向（Visual Direction） 强调效果（Emphasizing Effect） 主次分明（Clear Priorities）
12		层次与深度（Layering and Depth）	透视感（Perspective Sensation） 层次感（Sense of Layering） 景深感（Sense of Depth） 分层布局（Layered Layout） 三维效果（Three-dimensional Effect） 空间感（Spatial Sensation）

续表

序号	主题	类别	提示词	
			视觉堆叠（Visual Stacking） 前后对比（Foreground and Background Contrast） 层叠效果（Stacking Effects）	
13		平衡与均衡（Balance and Equilibrium）	视觉平衡（Visual Balance） 均匀分布（Even Distribution） 稳定感（Sense of Stability） 不对称平衡（Asymmetrical Balance） 构图平衡（Composition Balance）	对称布局（Symmetrical Layout） 重心平衡（Balance of Gravity） 视觉稳定（Visual Stability） 对比平衡（Contrastive Balance） 视觉和谐（Visual Harmony）

7.2.2 使用 Midjourney 生成座椅设计图

在本小节中，我们将使用Midjourney生成多种座椅，以下是提示词内容及实际操作所得的初始图像。

1 输入提示词 “Product design, chair, ergonomic, minimalist and modern”（产品设计，椅子，工效学的，简约现代），生成的图像如图 7-12 所示。

图7-12　简约座椅设计

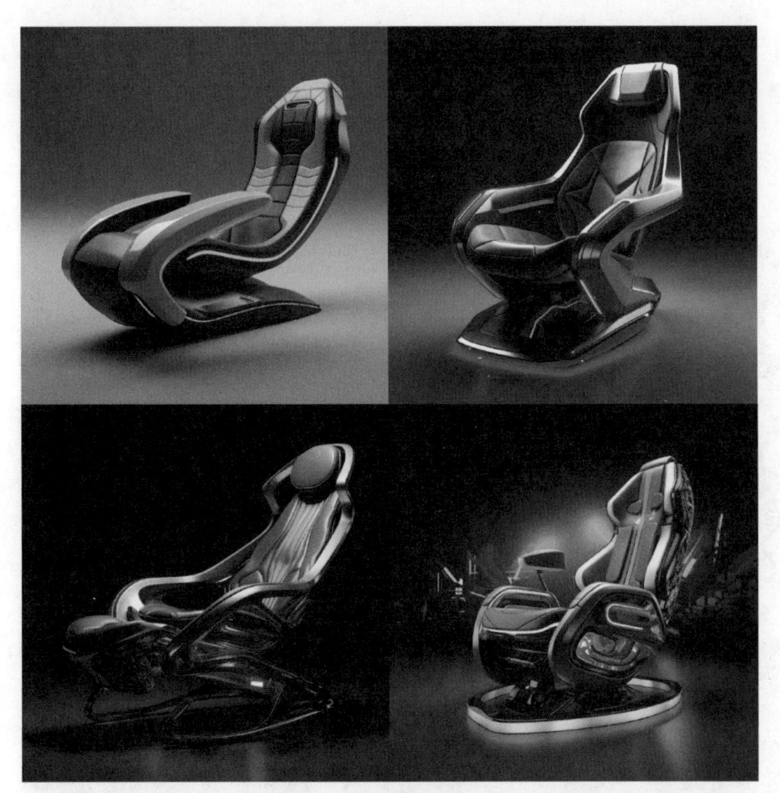

图7-13 电竞座椅设计

2 输入提示词“Product design, esports chair, futuristic, high-tech, and vibrant colors”（产品设计，电竞椅子，未来感，高科技，色彩鲜艳），生成的图像如图7-13所示。

图7-14 中式座椅设计

3 输入提示词“Product design, Chinese style relief camphorwood chair, rustic, reminiscent of the Song Dynasty”（产品设计，中式浮雕樟木椅，古朴的，宋代的），生成的图像如图7-14所示。

4 输入提示词“Product design, portable chair, fold-able, made of lightweight fiber material”（产品设计，便携椅子，可折叠的，轻质纤维材质），生成的图像如图 7-15 所示。

图 7-15　折叠座椅设计

7.2.3　使用 Midjourney 生成手机设计图

在本小节中，我们将使用 Midjourney 生成不同种类的手机，以下是提示词内容及实际操作所得的初始图像。

1 输入提示词“Ultra-thin smartphone design, futuristic, sci-fi”（超薄智能手机设计，未来主义，科幻），生成的图像如图 7-16 所示。

2 输入提示词“Foldable screen smartphone design, compact, urban, with gradient colors”（折叠屏智能手机设计，紧凑的，都市的，渐变色），生成的图像如图 7-17 所示。

图7-16　超薄智能手机设计

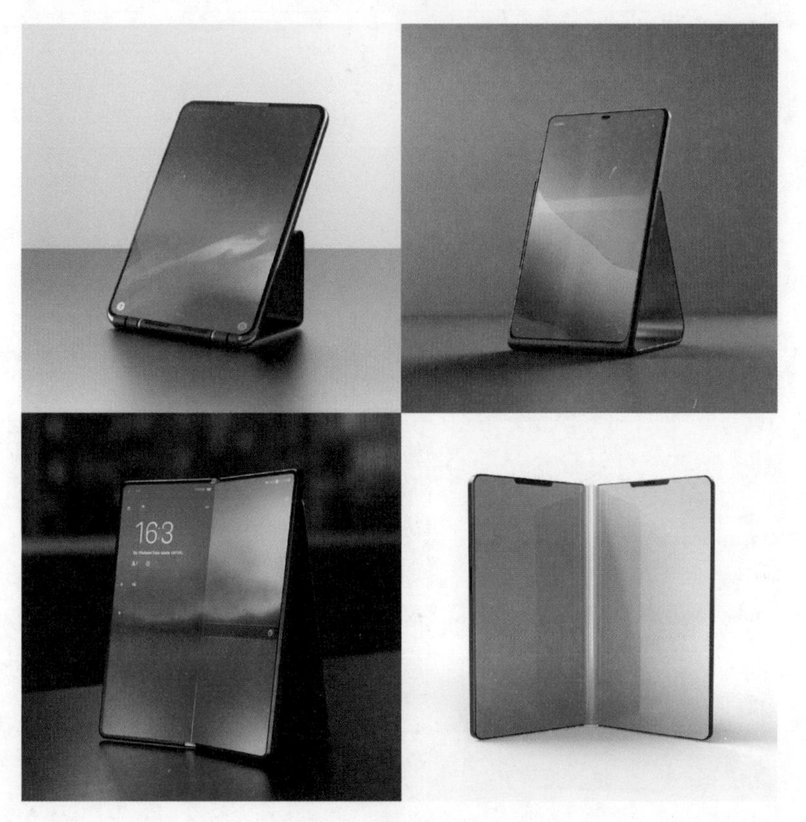

图7-17　折叠智能手机设计

7.3 Midjourney与室内设计

室内设计是一门关注室内空间美学、功能性和舒适性，将艺术与科学结合的学科，它涵盖了从住宅、商业空间、办公室到公共建筑等各类室内环境的设计。Midjourney作为一款功能强大的图像生成工具，可以为室内设计师提供丰富的创作灵感。

在本节中，我们将探索Midjourney在室内设计领域的应用，通过提供室内设计提示词参考，帮助读者扩展提示词语料，之后演示使用Midjourney进行现代风格、洛可可风格、日式风格等室内设计图像生成。通过阅读本节内容，读者可以快速上手使用Midjourney，从而在室内设计过程中获得更多创意和灵感。

7.3.1 室内设计提示词参考

本小节总结了与室内设计相关的描述性提示词，以便读者在使用Midjourney的过程中随时查阅和应用，见表7-3。

表7-3 室内设计提示词

序号	主题	类别	提示词
1	照明效果（Lighting Effects）	自然光（Natural Light）	明亮的（Bright） 柔和的（Soft） 日出（Sunrise） 日落（Sunset） 阴天的（Overcast）
2		照明类型（Lighting Types）	温暖的（Warm） 明亮的（Bright） 柔和的（Soft） 聚光灯（Spotlight） 照亮重点（Highlighting） 照亮全局（Illuminating Overall）
3		阳光模拟（Sunlight Simulation）	自然的（Natural） 逼真的（Realistic） 透光的（Translucent） 动态的（Dynamic） 全景的（Panoramic）
4		光照强度（Lighting Intensity）	强弱对比（Contrast） 明暗变化（Brightness Changes） 层次效果（Layered Effects） 明暗度（Brightness Level） 光影交错（Light and Shadow Interplay）
5	环境背景（Environmental Background）	自然景观（Natural Landscape）	美丽的（Beautiful） 壮观的（Magnificent） 舒心的（Comforting） 与自然融合（Blending with Nature） 开放视野的（Open View）
6		都市街景（Urban Street View）	繁华的（Busy） 现代的（Modern） 充满活力的（Vibrant） 多元文化（Diverse Culture） 城市特色（City Character）

续表

序号	主题	类别	提示词
7		环境融合（Environmental Integration）	融入自然（Integrated with Nature） 和谐共生（Harmonious Coexistence） 一体感（Sense of Unity） 相得益彰（Mutual Enhancement） 相互映衬（Complementing Each Other）
8		季节与天气（Seasons and Weather）	季节变化（Seasonal Changes） 不同气候（Different Climates） 季节性特征（Seasonal Characteristics）
9	透视与比例（Perspective and Proportion）	一点透视（One-point Perspective）	深度感（Depth Perception）　视角（Viewpoint） 透视效果（Perspective Effect）视线（Line of Sight）
10		两点透视（Two-point Perspective）	消失点（Vanishing Point）　距离点（Distance Points） 角度（Angle）　逼真度（Realism） 立体感（Three-dimensional Effect）
11		三点透视（Three-point Perspective）	空间深度（Spatial Depth）　倾斜视角（Tilted Angle） 错觉（Illusion） 远近关系（Distance Relationship）
12		透视失真（Perspective Distortion）	错觉（Illusion）　独特视角（Unique Perspective） 特殊效果（Special Effect）　有趣的（Interesting） 独具匠心的（Creative）
13	风格表现（Style Expression）	现代主义（Modernism）	简约主义（Minimalist）　现代的（Modern） 前卫的（Avant-garde）　干净的（Clean） 功能性的（Functional）
14		传统古典（Traditional Classic）	典雅的（Elegant）　华丽的（Gorgeous） 传统风情（Traditional Charm）奢华的（Luxurious） 古典元素（Classical Elements）
15		工业风（Industrial Style）	简朴的（Simple）　原始的（Primitive） 露天的（Open-air）　金属质感（Metallic Texture） 工业化的（Industrial）
16		北欧风格（Nordic Style）	舒适的（Comfortable）　温暖的（Warm） 明亮的（Bright）　自然元素（Natural Elements） 自然色彩（Natural Colors）
17		亚洲风格（Asian Style）	深邃的（Deep）　神秘的（Mysterious） 自然的（Natural）　文化遗产（Cultural Heritage） 红木家具（Rosewood Furniture）

7.3.2 使用 Midjourney 生成现代风格效果图

图7-18 现代风格卧室设计

在本小节中，我们将使用Midjourney生成不同功能区的现代风格室内设计效果图，以下是提示词内容及实际操作所得的初始图像。

1 输入提示词“Interior design, bedroom, minimalist modern, avant-garde, clean, grayscale”（室内设计，卧室，简约现代，前卫的，干净的，灰度），生成的图像如图7-18所示。

图7-19 现代风格客厅设计

2 输入提示词“Interior design, living room, minimalist modern, blue and white color scheme, bright lighting”（室内设计，客厅，简约现代，蓝白色系，光线明亮），生成的图像如图7-19所示。

3 输入提示词“Interior design, study room, minimalist modern, yellow color scheme, inspired by sunset”（室内设计，书房，简约现代，黄色系，日落），生成的图像如图7-20所示。

图7-20 现代风格书房设计

4 输入提示词“Interior design, bathroom, minimalist modern, green color scheme, featuring a spacious bathtub and a wet-dry separation”（室内设计，浴室，简约现代，绿色系，大浴缸，干湿分区），生成的图像如图7-21所示。

图7-21 现代风格浴室设计

7.3.3 使用 Midjourney 生成洛可可风格效果图

图 7-22　洛可可风格客厅设计

在本小节中，我们将使用 Midjourney 生成不同功能区的洛可可风格室内设计效果图，以下是提示词内容及实际操作所得的初始图像。

1 输入提示词“Interior design, living room, in the Rococo style, adorned with abundant flowers”（室内设计，客厅，洛可可风格，装饰大量鲜花），生成的图像如图 7-22 所示。

图 7-23　洛可可风格卧室设计

2 输入提示词“Interior design, bedroom, in the Rococo style, featuring a purple color scheme and half-closed curtains”（室内设计，卧室，洛可可风格，紫色系，窗帘半闭），生成的图像如图 7-23 所示。

7.3.4　使用 Midjourney 生成日式风格效果图

在本小节中，我们将使用Midjourney生成不同功能区的日式风格室内设计效果图，以下是提示词内容及实际操作所得的初始图像。

1 输入提示词“Interior design, Japanese style tea room with an inner courtyard garden, basking in bright sunlight”（室内设计，日式风格茶室，带内庭花园，阳光明媚），生成的图像如图7-24所示。

图7-24　日式风格茶室设计

2 输入提示词“Interior design, Japanese style study room, featuring a huge bookshelf and a lounge chair, with dim lighting”（室内设计，日式风格书房，有一个巨大的书架和一个躺椅，光线昏暗），生成的图像如图7-25所示。

图7-25　日式风格书房设计

7.4 Midjourney与建筑设计

建筑设计是融合科学、艺术和技术的创造性过程，旨在规划、设计和构建各种类型的建筑物，设计师需要将理念、功能和美学结合，同时考虑技术可行性、预算限制及环境和社会因素。而Midjourney作为功能强大的AI图像生成工具，可以为设计师构建建筑形态提供更多灵感来源。

在本节中，我们将探索Midjourney在建筑设计领域的应用，提供建筑设计提示词参考，以帮助读者扩展提示词语料，之后演示使用Midjourney进行建筑设计图像生成。

7.4.1 建筑设计提示词参考

本小节总结了与建筑设计相关的描述性提示词，以便读者在使用Midjourney的过程中随时查阅和应用，见表7-4。

表7-4 建筑设计提示词

序号	主题	类别	提示词	
1	建筑风格（Architectural Styles）	现代主义（Modernism）	简约的（Minimalist） 现代的（Contemporary） 功能性的（Functional）	前卫的（Avant-garde） 创新的（Innovative）
2		古典复兴（Classical Revival）	典雅的（Elegant） 雄伟的（Majestic） 历史传承的（Historically Inherited）	壮丽的（Grand） 永恒的（Timeless）
3		后现代主义（Postmodernism）	多样性的（Diverse） 非对称的（Asymmetrical） 多元化的（Multifaceted）	抽象的（Abstract） 自由的（Free）
4		工业风（Industrial Style）	原始的（Raw） 露天梁柱（Exposed Beams） 暴露的砖墙（Exposed Brick Walls）	金属质感的（Metallic） 工业化的（Industrialized）
5		日本传统的（Japanese Traditional）	简约雅致（Simple Elegance） 日式风格（Japanese Style） 传统茶室（Traditional Tea Rooms）	自然元素（Natural Elements）
6	建筑材料（Building Materials）	建筑材料质感（Texture of Building Materials）	有光泽的（Glossy） 有触感的（Tactile）	有纹理的（Textured） 自然感（Natural Feel）
7		玻璃与金属应用（Glass and Metal Application）	透明的（Transparent） 反射的（Reflective）	现代感的（Modern） 创新的（Innovative）
8		环保材料选择（Eco-friendly Material Selection）	可持续的（Sustainable） 低碳的（Low Carbon） 环保认证的（Environmentally Certified）	可回收利用的（Recyclable） 节能的（Energy Efficient）

续表

序号	主题	类别	提示词
9		石材与木材应用（Stone and Wood Application）	耐用的（Durable） 自然的（Natural） 坚固的（Sturdy） 质朴的（Rustic） 纹理丰富的（Richly Textured）
10		复合材料（Composite Materials）	轻质的（Lightweight） 耐用的（Durable） 创新的（Innovative） 多功能的（Versatile） 适应性的（Adaptable）
11	建筑尺度（Architectural Scales）	大型建筑规划（Large-scale Building Planning）	摩天大楼（Skyscraper） 大跨径的（Long-span） 超大体量的（Large-scale） 城市综合体（Urban Complexes） 大型项目（Large-scale Projects）
12	建筑尺度（Architectural Scales）	中小型建筑设计（Medium and Small-scale Building Design）	居住建筑（Residential Buildings） 写字楼（Office Buildings） 商业综合体（Commercial Complexes） 社区规划（Community Planning） 文化设施（Cultural Facilities）
13	建筑尺度（Architectural Scales）	高层建筑设计（High-rise Building Design）	摩天大楼（Skyscrapers） 塔楼（Tower Buildings） 高层住宅（High-rise Residences） 高楼层建筑（High-rise Structures） 多层次城市（Multilevel Cities）
14	建筑尺度（Architectural Scales）	低层建筑设计（Low-rise Building Design）	矮楼房（Low-rise Buildings） 平房（Bungalows） 单层结构（Single-story Structures） 低层住宅（Low-rise Residences）
15	建筑景观（Architectural Landscaping）	建筑外围景观设计（Exterior Landscape Design）	广场（Squares） 门厅（Lobby） 入口（Entrances） 庭院（Courtyards）
16	建筑景观（Architectural Landscaping）	花园与庭院设计（Garden and Courtyard Design）	花坛（Flowerbeds） 花园小品（Garden Features） 景观水池（Landscape Ponds） 草坪（Lawns） 花、草、树（Flowers, Plants, Trees）

7.4.2 使用 Midjourney 生成现代主义建筑效果图

在本小节中，我们将使用Midjourney生成不同功能的现代主义建筑效果图，以下是提示词内容及实际操作所得的初始图像。

图7-26　现代主义别墅设计

1 输入提示词“Architectural design, villa, modernist style, minimalist, with a glossy exterior facade, exuding elegance and stability”（建筑设计，别墅，现代主义风格，极简主义，外立面光滑，典雅稳重的），生成的图像如图7-26所示。

图7-27　现代主义酒店设计

2 输入提示词“Architectural design, resort hotel, skyscraper, modernist style, featuring a spiral structure”（建筑设计，度假酒店，超高层建筑，现代主义风格，螺旋结构），生成的图像如图7-27所示。

7.4.3 使用Midjourney生成古典中式建筑效果图

在本小节中，我们将使用Midjourney生成不同功能的古典中式建筑效果图，以下是提示词内容及实际操作所得的初始图像。

1 输入提示词“Architectural design, classical Chinese-style villa, exquisitely elegant”（建筑设计，古典中式别墅，精致典雅的），生成的图像如图7-28所示。

图7-28 古典中式别墅设计

2 输入提示词“Architectural design, classical Chinese-style observation tower, grand and majestic”（建筑设计，古典中式观景塔，宏伟壮观的），生成的图像如图7-29所示。

图7-29 古典中式观景塔设计

7.4.4 使用 Midjourney 生成古典欧式建筑效果图

在本小节中，我们将使用Midjourney生成不同功能的古典欧式建筑效果图，以下是提示词内容及实际操作所得的初始图像。

1 输入提示词“Architectural design, classical European-style villa, adorned with opulence and luxury”（建筑设计，古典欧式别墅，装饰豪华），生成的图像如图7-30所示。

图7-30　古典欧式别墅设计

2 输入提示词“Architectural design, classical European-style church, grand and solemn, adorned with abundant sculptures”（建筑设计，古典欧式教堂，宏伟庄严的，装饰着大量的雕塑），生成的图像如图7-31所示。

图7-31　古典欧式教堂设计

7.5 Midjourney与时尚设计

时尚设计是关于时尚与美学的创意领域，涉及服装、配饰、鞋等各种时尚产品的设计与创作。在时尚设计中，设计师需要紧跟时尚潮流来发挥自己的创造力。在本节中，Midjourney将成为设计师重要的灵感来源，为设计师提供更多的可能性。我们将提供时尚设计提示词参考，以帮助读者扩展提示词语料，之后再演示使用Midjourney进行时尚设计图像生成。

7.5.1 时尚设计提示词参考

本小节总结了与时尚设计相关的描述性提示词，以便读者在使用Midjourney的过程中随时查阅和应用，见表7-5。

表7-5　时尚设计提示词

序号	主题	类别	提示词	
1	时尚风格（Fashion Styles）	高级定制（Haute Couture)	高贵材料（Luxurious Materials） 高端时尚（High-end Fashion） 独特设计（Unique Design）	精湛工艺（Exquisite Craftsmanship） 为客户定制（Customization for Clients）
2		前卫风格（Avant-garde Style）	创新设计（Innovative Design） 边缘艺术（Edge Art） 艺术表现（Artistic Expression）	非传统美学（Non-traditional Aesthetics） 前卫的趋势（Avant-garde Trend）
3		极简主义（Minimalism）	简约风格（Simplicity Style） 实用功能（Functional Utility） 简单细节（Minimal Details）	纯净美学（Pure Aesthetics） 精简设计（Streamlined Design）
4		街头风格（Street Style）	年轻潮流（Youthful Trend） 街头文化（Street Culture） 城市风尚（Urban Chic）	非正式穿着（Casual Attire） 个性化时尚（Personalized Fashion）
5		波希米亚风格（Bohemian Style）	自由氛围（Bohemian Atmosphere） 手工编织（Handcrafted Weaving） 自然元素（Natural Elements）	艺术灵感（Artistic Inspiration） 流动衣物（Flowy Garments）
6		复古风格（Vintage Style）	怀旧氛围（Nostalgic Ambience） 古旧元素（Antique Elements） 经典风情（Classic Charm）	复古时装（Vintage Fashion） 过去时代（Bygone Era）
7		富有魅力的风格（Glamorous Style）	闪亮效果（Sparkling Effects） 特殊场合（Special Occasions） 奢华装饰（Luxurious Embellishments）	宏伟设计（Grand Design） 炫目时尚（Dazzling Fashion）

续表

序号	主题	类别	提示词
8		中性风格（Androgynous Style）	无性别化（Genderless） 个性穿搭（Individualistic Dressing） 双性别风格（Dual-gender Style） 中性服装（Gender-neutral Clothing）
9	时尚元素（Fashion Elements）	图案（Patterns）	几何图案（Geometric Patterns） 动物图案（Animal Print） 花卉印花（Floral Print） 民族图腾（Ethnic Motifs） 数字化图案（Digital Patterns）
10		纹理（Textures）	毛绒纹理（Velvety Texture） 皮革纹理（Leather Texture） 丝绸质感（Silk Feel） 雕刻纹样（Carved Patterns） 粗细纹理（Coarse and Fine Textures）
11		款式（Styles）	宽松剪裁（Loose Fit） 对称造型（Symmetrical Styling） 复古风情（Vintage Vibes） 紧身板型（Body-hugging Silhouette） 不对称外观（Asymmetrical Look）
12		装饰（Decorations）	蕾丝点缀（Lace Embellishments） 刺绣细节（Embroidered Details） 金属饰件（Metallic Embellishments） 流苏装饰（Fringe Embellishments） 珠片饰品（Beaded Embellishments）
13		配饰（Accessories）	手提包（Handbags） 发饰（Hair Accessories） 高端腰带（High-end Belts） 眼镜框架（Eyeglass Frames）

7.5.2 使用 Midjourney 生成服装设计图

在本小节中，我们将使用Midjourney生成不同的服装设计图，以下是提示词内容及实际操作所得的初始图像。

1 输入提示词“Fashion design, T-shirt, simple and practical, urban chic, featuring geometric pattern prints and asymmetric silhouettes”（服装设计，T恤，简约实用，都市风尚，几何图案印花，不对称造型），生成的图像如图 7-32 所示。

2 输入提示词“Fashion design, dress, Bohemian style, adorned with fringes and gemstone embellishments, exuding grandeur”（服装设计，连衣裙，波希米亚风格，流苏和宝石点缀，散发宏伟的气息），生成的图像如图 7-33 所示。

图7-32 T恤设计

图7-33 连衣裙设计

7.5.3 使用 Midjourney 生成墨镜和高跟鞋设计图

在本小节中，我们将使用Midjourney生成墨镜和高跟鞋设计图，以下是提示词内容及实际操作所得的初始图像。

1 输入提示词“Sunglasses design, vintage, luxurious, adorned with gemstone inlays”（墨镜设计，复古，奢华，镶嵌宝石），生成的图像如图7-34所示。

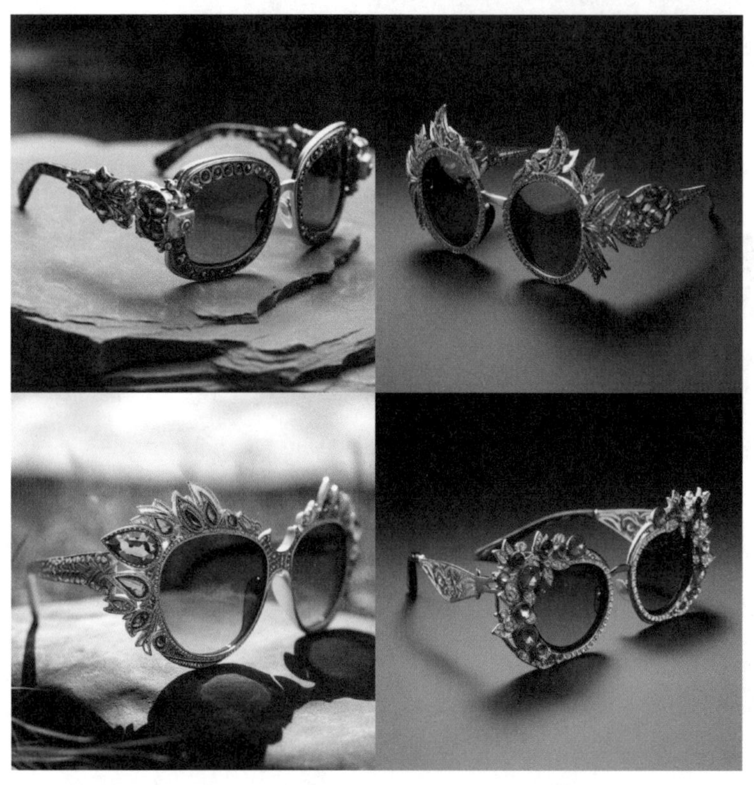

图7-34 墨镜设计

2 输入提示词“Design of high heels, vintage, luxurious, with gemstone inlays, and vibrant colors”（高跟鞋设计，复古，奢华，镶嵌宝石，色彩鲜艳），生成的图像如图7-35所示。

图7-35 高跟鞋设计

7.6 Midjourney与工业设计

工业设计是注重产品外观、功能性和用户体验的领域，它融合创意与技术，致力于设计出实用而美观的工业产品，如家电、数码设备、交通工具等。在本节中，我们将探索Midjourney在工业设计领域的应用，提供工业设计提示词参考，以帮助读者扩展提示词语料，之后演示使用Midjourney进行工业设计图像生成。

7.6.1 工业设计提示词参考

本小节总结了与工业设计相关的描述性提示词，以便读者在使用Midjourney的过程中随时查阅和应用，见表7-6。

表7-6　工业设计提示词

序号	主题	类别	提示词	
1	物品（Items）	日常用品（Everyday Items）	餐具组合（Tableware） 手提袋（Tote Bag） 钱包（Wallet）	水壶（Water Bottle） 文具盒（Stationery Box）
2		电子设备（Electronic Devices）	智能手机（Smartphone） 笔记本电脑（Laptop） 无线耳机（Wireless Earbuds）	平板电脑（Tablet） 智能手表（Smart Watch）
3		家具（Furniture）	沙发（Sofa） 儿童家具（Children's Furniture）	餐桌椅（Dining Table and Chairs） 储物家具（Storage Furniture）
4		交通工具（Transportation）	自行车（Bicycle） 电动机车（Electric Scooter） 高铁内部布局（High-Speed Train Interior）	汽车外观（Car Exterior） 摩托车（Motorcycle）
5		玩具（Toys）	儿童拼图（Children's Puzzles） 儿童乐高（Children's LEGO） 模型飞机（Model Airplanes）	益智玩具（Educational Toys） 遥控车（Remote Control Car）
6	其他（Others）	透明度（Transparency）	半透明效果（Translucent Effect） 遮挡与显露（Conceal and Reveal） 透明产品设计（Transparent Product Design） 透明材质选择（Transparency Material Selection） 光线散射（Light Diffusion）	
7		纹理（Texture）	粗糙度（Roughness） 仿真纹理（Simulated Texture） 金属纹理（Metallic Texture）	织物纹理（Fabric Texture） 皮革纹理（Leather Texture）
8		材质（Material）	铝合金（Aluminum Alloy） 橡木（Oak） 皮革（Leather）	不锈钢（Stainless Steel） 木料（Wood） 聚酯纤维（Polyester Fiber）

续表

序号	主题	类别	提示词
			亚克力（Acrylic） 羊毛（Wool） 陶瓷（Ceramic） 硅胶（Silicone） 聚氨酯泡沫（Polyurethane Foam）
9		视觉平衡（Visual Harmony）	黄金比例（Golden Ratio） 对比度（Contrast） 极简主义（Minimalism） 色彩平衡（Color Balance） 对称与不对称（Symmetry and Asymmetry）

7.6.2 使用 Midjourney 生成汽车设计图

在本小节中，我们将使用Midjourney生成不同的汽车设计图，以下是提示词内容及实际操作所得的初始图像。

1 输入提示词“Industrial design, automotive, surrealism, futuristic vibes”（工业设计，汽车，超现实主义，未来感），生成的图像如图7-36所示。

图7-36 超现实汽车设计

图7-37 复古汽车设计

2 输入提示词“Industrial design, automotive, vintage, golden material”（工业设计，汽车，复古，黄金材质），生成的图像如图7-37所示。

7.6.3 使用Midjourney生成飞机设计图

在本小节中，我们将使用Midjourney生成不同的飞机设计图，以下是提示词内容及实际操作所得的初始图像。

1 输入提示词“Industrial design, aircraft, futuristic technology vibe, bright and vibrant colors”（工业设计，飞机，未来科技感，色彩明艳绚丽），生成的图像如图7-38所示。

图7-38 未来科技感飞机设计

2 输入提示词“Industrial design, aircraft, vintage-inspired, hand-painted”（工业设计，飞机，复古风格，手绘的），生成的图像如图7-39所示。

图7-39　复古飞机设计

本章小结

在本章中，我们深入探讨了Midjourney在设计领域的应用，为读者提供了丰富的实战案例。我们逐一演示了Midjourney在平面设计、产品设计、室内设计、建筑设计、时尚设计和工业设计领域的应用方法，并在每个板块提供了相应的提示词参考，以帮助读者积累更丰富的提示词语料。通过学习本章内容，我们了解了Midjourney在设计领域的使用技巧，读者可以灵活运用Midjourney创作出更多样的设计作品。平面设计中的Logo、海报和包装，产品设计中的座椅和手机，室内设计中的现代风格、洛可可风格、日式风格，建筑设计中的现代主义、古典中式、古典欧式风格，以及时尚设计和工业设计中的各类作品，Midjourney都能为设计师带来更多的灵感和创意。

在下一章中，我们将探索Midjourney在绘画领域的应用，让读者在绘画领域有更加丰富的使用体验。

第8章 Midjourney在绘画领域的应用

CHAPTER 08

本章导读

前文中，我们讲解了Midjourney在设计领域的应用。在本章中，我们将探索Midjourney在绘画领域的应用。

我们先介绍Midjourney对绘画工具和技法的表达，并提供了丰富的提示词参考，演示了如何使用Midjourney生成油画、水彩画及素描画。接着，我们将探讨Midjourney对绘画主题的表达，包括风景画、人物画、静物画及抽象画。之后，我们将探索Midjourney对绘画风格的表达，此阶段我们依然提供了大量的提示词参考，并演示如何生成不同风格的图像，包括印象派、现实主义及超现实主义绘画，让读者在创作时能够更加自如地应用各类风格。最后，我们将介绍Midjourney在CG插画方面的应用，以帮助读者在绘制CG插画时获得更多创意。

通过学习本章内容，读者将深入了解Midjourney在绘画领域的应用，并通过综合运用绘画工具、技法、主题、风格等提示词，丰富图像创作技巧。

温馨提示

（1）由于AI图像生成的随机性和系统操作环境的差异，读者使用相同提示词进行实操所得图像与本书提供图像将略有差异。

（2）本书所提供的提示词参考不局限于单一章节使用，读者可以通过穿插应用不同章节的提示词来探索更多图像生成结果。

（3）读者若想尽快上手实操，可以跳过说明文字，直接实操章节实例，运用提示词参考的词组对实例中的部分提示词进行更换，以便迅速地尝试生成更多样的图像。

8.1 Midjourney对绘画工具和技法的表达

绘画工具是绘画过程中所使用的工具，而绘画技法则是艺术家运用绘画材料进行创作的具体方法和技巧。在本节中，我们将重点聚焦于绘画工具和技法，通过实战示例，详细展示Midjourney对不同绘画工具和技法的表达。

8.1.1 绘画工具和技法提示词参考

绘画工具和技法涉及相应的术语，只有在提示词中准确运用这些词汇，才能帮助我们更精准地控制生图效果。

本小节中，我们将为读者总结与绘画工具和技法相关的提示词，其中涵盖了各种传统绘画工具和技法，见表8-1。通过准确使用这些提示词，我们可以模拟出不同绘画工具和技法的效果，使生成的图像更具真实感和艺术感。

表8-1 绘画工具和技法提示词

序号	主题	类别	提示词	
1	绘画工具（Painting Tools）	铅笔（Pencil）	细腻的（Delicate） 精确的（Precise） 可擦除的（Erasable）	渐变的（Gradated） 可控的（Controllable）

续表

序号	主题	类别	提示词
2		炭笔 （Charcoal Pencil）	柔和的（Soft）　深沉的（Deep） 自然的（Natural）　模糊的（Blurry） 持久的（Long-lasting）
3		钢笔 （Fountain Pen）	流畅的（Smooth）　细致的（Fine） 均匀的（Even）　丰润的（Rich） 不易晕染的（Non-bleeding）
4		油画棒 （Oil Pastel）	质地厚重的（Thick-textured）　可混合的（Blendable） 不褪色（Non-fading）　鲜艳的（Vibrant） 色彩持久的（Long-lasting in Color）
5		蜡笔 （Crayon）	明亮的（Bright）　不透明的（Opaque） 触感温暖（Warm to the Touch）　可堆叠的（Stackable） 适合儿童使用的（Kid-friendly）
6		彩色铅笔 （Colored Pencils）	饱和的（Saturated）　可混合的（Blendable） 不褪色的（Colorfast）　软硬适中的（Medium-soft） 灵活的（Versatile）
7		粉笔 （Chalk）	柔和的（Soft）　可晕染的（Smudgable） 粉状的（Powdery）　易涂抹的（Easy to Apply） 透明的（Transparent）
8		毛笔 （Chinese Brush）	动感的（Dynamic）　敏感的（Sensitive） 自然流畅的（Naturally Fluent）　传统的（Traditional） 多样笔触（Versatile Brush Strokes）
9		水笔 （Water Brush）	方便的（Convenient）　水性的（Water-based） 可调节的（Adjustable）　不易漏水的（Non-leaking） 精确控制水量（Allows Precise Control of Water）
10		素描技法 （Sketching Techniques）	简洁的（Concise）　生动的（Lively） 精准的（Precise）　迅速的（Quick） 流畅的（Fluid）
11	绘画技法 （Painting Techniques）	水彩技法 （Watercolor Techniques）	透明的（Transparent）　淡的（Delicate） 渐变的（Gradual）　柔和的（Soft） 流动感的（Flowing）
12		油画技法 （Oil Painting Techniques）	饱满的（Rich）　厚重的（Thick） 可混合的（Blendable）　鲜艳的（Vivid） 纹理丰富的（Richly Textured）

续表

序号	主题	类别	提示词
13		渐变技法（Gradation Techniques）	渐变笔触（Gradient Brushstrokes） 平滑的（Smooth） 深浅变化的（Varied in Tone） 色彩层次感的（Layered）
14		混合技法（Blending Techniques）	柔和的（Soft） 无缝的（Seamless） 混合的（Blended） 细腻的（Delicate） 过渡自然（Smooth Transition）
15		脱色技法（Blotting Techniques）	融合的（Blendable） 渐变的（Gradated） 淡化的（Faded） 有纹理的（Textured） 纹理独特的（Distinctively Textured）
16		喷洒技法（Splatter Techniques）	散乱的（Scattered） 独特的（Distinctive） 均匀的（Even） 随机的（Random）
17		刮擦技法（Scratching Techniques）	纹理丰富的（Richly Textured） 线形的（Linear） 半透明的（Translucent） 混合的（Blended） 有层次感的（Layered）
18		拼贴技法（Collage Techniques）	多样的（Diverse） 粘贴的（Adhered） 纹理丰富的（Richly Textured） 有创意的（Creative） 组合的（Combined）
19		喷漆技法（Airbrushing Techniques）	均匀的（Even） 精细的（Detailed） 准确的（Precise）
20		按印技法（Printing Techniques）	整齐的（Neat） 重复的（Repetitive） 色彩丰富的（Colorful） 清晰的（Clear） 纹理独特的（Distinctively Textured）
21		蒙版技法（Masking Techniques）	遮盖的（Covered） 保护的（Protected） 准确的（Precise） 多样的（Varied） 创新的（Innovative）
22		线描技法（Line Drawing Techniques）	精细的（Detailed） 流畅的（Fluid） 清晰的（Sharp） 动态的（Dynamic） 突出的（Bold）

8.1.2 使用 Midjourney 生成油画

在本小节中，我们将结合8.1.1小节提供的提示词参考，使用Midjourney生成油画质感的图像。

图8-1 自然风景油画

1 输入提示词“Vibrant and textured nature landscape oil painting”（色彩鲜艳且有纹理的自然风景油画），生成的图像如图8-1所示。

图8-2 儿童肖像油画

2 输入提示词“Soft and textured child's portrait oil painting with scraping technique”（柔和且有纹理的儿童肖像油画，刮擦技法），生成的图像如图8-2所示。

图 8-3　美食油画

3 输入提示词 “Food oil painting, rich texture, soft colors”（美食油画，纹理丰富，色彩柔和），生成的图像如图 8-3 所示。

图 8-4　雪貂油画

4 输入提示词 “A lively and adorable ferret oil painting”（活泼可爱的雪貂油画），生成的图像如图 8-4 所示。

8.1.3 使用Midjourney生成水彩画

图8-5 自然风景水彩画

在本小节中，我们将结合8.1.1小节提供的提示词参考，使用Midjourney生成水彩质感的图像。

1 输入提示词“A soft and gentle watercolor painting of a natural landscape”（柔和的自然风景水彩画），生成的图像如图8-5所示。

图8-6 儿童肖像水彩画

2 输入提示词“A child’s watercolor portrait using the splatter technique”（儿童水彩肖像画，喷洒技法），生成的图像如图8-6所示。

图8-7　美食水彩画

3 输入提示词“A vibrant watercolor painting of food”（鲜艳的美食水彩画），生成的图像如图8-7所示。

图8-8　雪貂水彩画

4 输入提示词“A lively and adorable ferret watercolor painting”（活泼可爱的雪貂水彩画），生成的图像如图8-8所示。

8.1.4　使用 Midjourney 生成素描画

在本小节中，我们将结合8.1.1小节提供的提示词参考，使用Midjourney生成素描质感的图像。

1 输入提示词“A pencil sketch of a landscape”（素描风景画），生成的图像如图8-9所示。

图8-9　素描风景画

2 输入提示词“A pencil portrait sketch of a lively boy”（活泼男孩铅笔素描肖像画），生成的图像如图8-10所示。

图8-10　男孩铅笔素描肖像画

图8-11　美味佳肴素描画

3 输入提示词“A monochromatic sketch capturing the essence and intricate details of delectable cuisine”（黑白素描画，美味佳肴的精髓和复杂细节），生成的图像如图8-11所示。

图8-12　雪貂素描画

4 输入提示词“A playful and adorable ferret depicted in a black and white sketch, showcasing its charming and lively nature with intricate lines”（有趣可爱的雪貂黑白素描画，用复杂的线条展示雪貂迷人而活泼的天性），生成的图像如图8-12所示。

8.2 Midjourney对绘画主题的表达

绘画主题是艺术作品要表现的核心内容和意境，它能够赋予作品独特的情感。在本节中，我们将重点聚焦于绘画主题，通过实战示例，合理运用主题提示词，详细展示Midjourney对风景、人物、静物等不同绘画主题的表达。

8.2.1 绘画主题提示词参考

绘画主题的范围非常广泛，包括风景、人物、静物、动物等多个板块。当我们在提示词中对主题有明确的表达时，可以得到更精准的图像结果。

本小节总结了与绘画主题相关的提示词，以便读者在生图过程中随时查阅和应用，见表8-2。

表8-2 绘画主题提示词

序号	主题	类别	提示词
1	风景（Landscape）	自然风光（Natural Scenery）	美丽的（Beautiful） 壮丽的（Magnificent） 宁静的（Serene）
2		城市景观（Urban Landscape）	繁忙的（Busy） 现代的（Modern） 多彩的（Colorful）
3		海滩景色（Beach Scenery）	清澈的（Crystal-clear） 清爽的（Refreshing） 令人放松的（Relaxing）
4		田野和农村景象（Fields and Rural Landscapes）	平和的（Peaceful） 悠闲的（Leisurely） 宁静的（Serene）
5		森林和树林（Forests and Woodlands）	茂密的（Lush） 幽静的（Secluded） 绿色的（Green）
6		山（Mountains）	陡峭的（Steep） 雄伟的（Majestic） 云雾缭绕的（Misty）
7		湖泊和水域（Lakes and Water Bodies）	清澈的（Clear） 平静的（Calm） 蓝色的（Blue）
8		日出和日落（Sunrise and Sunset）	绚丽的（Glorious） 壮观的（Spectacular） 平静的（Peaceful）
9		河流和溪水（Rivers and Streams）	流动的（Flowing） 蜿蜒的（Meandering） 晶莹的（Glistening）
10		城市天际线（City Skylines）	闪耀的（Gleaming） 繁忙的（Busy） 现代的（Modern）

续表

序号	主题	类别	提示词
11		荒野和荒漠（Wilderness and Deserts）	干燥的（Arid） 荒凉的（Desolate） 壮观的（Spectacular）
12		洞穴和地下景观（Caves and Underground Landscapes）	神秘的（Mysterious） 幽暗的（Dim） 罕见的（Unusual）
13		冰川和雪山（Glaciers and Snowy Mountains）	冰冷的（Icy） 高耸的（Towering） 雪白的（Snowy）
14		花园和公园（Gardens and Parks）	美丽的（Beautiful） 芳香的（Fragrant） 茂密的（Lush）
15	人物/肖像（Figures/Portraits）	肖像画（Portrait）	逼真的（Realistic） 传神的（Lifelike） 专注的（Focused）
16		人物特写（Close-up）	精细的（Detailed） 有表现力的（Expressive） 迷人的（Captivating）
17		自画像（Self-portraits）	内省的（Introspective） 自信的（Confident） 自我表达的（Self-expressive）
18		儿童与少年（Children and Youth）	纯真的（Innocent） 快乐的（Joyful） 活泼可爱的（Lively and Cute）
19		成年人（Adults）	自信的（Confident） 优雅的（Graceful） 成熟稳重的（Mature and Stable）
20		老年人（Elderly）	智慧（Wisdom） 和蔼的（Kind） 安详的（Serene）
21		历史人物（Historical Figures）	伟大的（Great） 勇敢的（Courageous） 传奇的（Legendary）
22		名人（Celebrity）	富有魅力的（Glamorous） 受人钦佩的（Admired） 杰出的（Distinguished）
23		民族风情（Ethnicity and Culture）	多样的（Diverse） 独特的（Distinctive） 传统的（Traditional）
24		写生（Life Drawing）	生动的（Vivid） 自然的（Natural） 充满活力的（Dynamic）
25		街头人物（Street Scenes Figures）	多样的（Diverse） 生动的（Lively） 活跃的（Animated）
26		女性形象（Female Figures）	优雅的（Elegant） 美丽的（Beautiful） 强大的（Powerful）

续表

序号	主题	类别	提示词
27		男性形象（Male Figures）	强壮的（Strong） 刚毅的（Resolute） 帅气的（Handsome）
28	静物（Still Life）	花（Flowers）	鲜艳的（Vibrant） 绚丽的（Colorful） 柔美的（Graceful） 芳香的（Fragrant） 新鲜的（Fresh）
29		水果（Fruits）	多汁的（Juicy） 甜的（Sweet） 多样的（Diverse） 饱满的（Plump） 成熟的（Ripe）
30		食物（Food）	诱人的（Appetizing） 精致的（Exquisite） 丰盛的（Abundant） 美味可口的（Delectable） 健康的（Healthy）
31		餐具（Tableware）	光滑的（Smooth） 精美的（Exquisite） 古朴的（Antique） 瓷制的（Porcelain） 银制的（Silver）
32		乐器（Musical Instruments）	古典的（Classical） 华丽的（Ornate） 优雅的（Graceful） 音色悠扬的（Melodious） 古老的（Ancient）
33		瓶罐瓮缸（Vases and Jars）	质朴的（Rustic） 优雅的（Refined） 陶制的（Earthenware） 透明的（Transparent） 装饰的（Decorative）
34		书籍（Books）	沉重的（Heavy） 博学的（Knowledgeable） 古老的（Ancient） 文学的（Literary） 音乐的（Musical）
35		烛台（Candlesticks）	古典的（Classical） 金属质感的（Metallic） 高贵的（Noble） 雕刻的（Carved） 闪耀的（Gleaming）
36		蔬菜（Vegetables）	新鲜的（Fresh） 多样的（Varied） 素食的（Vegetarian） 有机的（Organic） 营养丰富的（Nutritious）
37		手工艺品（Handicrafts）	精巧的（Exquisite） 传统的（Traditional） 手工制作的（Handmade） 艺术性的（Artistic） 原始的（Primitive）
38		酒杯和酒瓶（Wine Glasses and Bottles）	透明的（Transparent） 优雅的（Elegant） 玻璃质感的（Glassy） 芳香的（Aromatic） 富有魅力的（Charming）
39		织物（Fabrics）	柔软的（Soft） 色彩丰富的（Colorful） 纹理丰富的（Richly Textured） 丝绸的（Silken） 棉制的（Cotton）

续表

序号	主题	类别	提示词
40		钟表（Clocks and Watches）	精准的（Precise） 古董的（Antique） 精美的（Exquisite） 典雅的（Elegant） 指针转动的（Ticking）
41		骨骼（Bones）	古老的（Ancient） 奇特的（Bizarre） 神秘的（Mysterious） 生动的（Vivid） 生命的象征（Symbol of life）
42		碗碟盘子（Bowls and Plates）	实用的（Functional） 瓷制的（Porcelain） 陶制的（Earthenware） 精美的（Exquisite） 美观的（Aesthetically Pleasing）
43	动物（Animals）	狗（Dog）	忠诚的（Loyal） 可爱的（Adorable） 有趣的（Playful）
44		猫（Cat）	独立的（Independent） 温和的（Gentle） 美丽的（Beautiful）
45		兔子（Rabbit）	柔软的（Soft） 可爱的（Cute） 温和的（Gentle）
46		雪貂（Ferret）	调皮的（Mischievous） 有趣的（Playful） 敏捷的（Agile）
47		狮子（Lion）	威武的（Majestic） 强大的（Powerful） 勇猛的（Brave）
48		老虎（Tiger）	凶猛的（Ferocious） 美丽的（Beautiful） 稀有的（Rare）
49		大熊猫（Giant Panda）	可爱的（Adorable） 温和的（Gentle） 稀有的（Rare）
50		大象（Elephant）	巨大的（Gigantic） 聪明的（Intelligent） 长牙的（Tusked）
51		鲸鱼（Whale）	巨大的（Enormous） 温顺的（Gentle） 水栖的（Aquatic）
52		猴子（Monkey）	聪明的（Smart） 灵活的（Agile） 调皮的（Naughty）
53		鹰（Eagle）	高飞的（Soaring） 锐利的（Sharp） 雄伟的（Majestic）
54		海豚（Dolphin）	有趣的（Playful） 友好的（Friendly） 聪明的（Intelligent）
55		蝴蝶（Butterfly）	绚丽的（Colorful） 翩翩起舞的（Dancing） 轻盈的（Light）

续表

序号	主题	类别	提示词	
56		企鹅（Penguin）	可爱的（Cute） 有趣的（Amusing）	笨拙的（Clumsy）
57		蛇（Snake）	狡猾的（Sly） 冷血的（Cold-blooded）	无腿的（Legless）
58		蜘蛛（Spider）	灵巧的（Agile） 恐怖的（Creepy）	多腿的（Many-legged）
59		海星（Starfish）	星形的（Star-shaped） 美丽的（Beautiful）	柔软的（Soft）
60		马（Horse）	雄伟的（Majestic） 强健的（Robust）	快速的（Swift）
61	花（Flowers）	玫瑰（Rose）	香甜的（Fragrant） 柔美的（Graceful）	绚丽的（Gorgeous）
62		向日葵（Sunflower）	高大的（Tall） 温暖的（Warm）	明亮的（Bright）
63		郁金香（Tulip）	优雅的（Elegant） 高贵的（Noble）	多彩的（Colorful）
64		蓝色风铃草（Bluebell）	清新的（Fresh） 可爱的（Cute）	蓝色的（Blue）
65		百合花（Lily）	高贵的（Noble） 芳香的（Fragrant）	纯洁的（Pure）
66		樱花（Cherry Blossom）	美丽的（Beautiful） 短暂的（Fleeting）	浪漫的（Romantic）
67		牡丹（Peony）	精致的（Exquisite） 繁盛的（Prosperous）	华丽的（Gorgeous）
68		花环（Wreath）	唯美的（Artistic） 庄重的（Dignified）	茂密的（Lush）
69		花束（Bouquet）	芳香的（Fragrant） 美丽的（Beautiful）	绚丽的（Colorful）
70	其他（Others）	历史题材（Historical Themes）	古老的（Ancient） 激动人心的（Thrilling）	史诗般的（Epic）
71		宗教题材（Religious Themes）	神圣的（Sacred） 心灵的（Spiritual） 宗教信仰（Religious Beliefs）	虔诚的（Devout） 宗教仪式（Religious Rituals）
72		幻想题材（Fantasy Themes）	魔幻的（Magical） 独特的世界（Unique World） 神奇的生物（Mythical Creatures）	奇幻的（Fantastic）

续表

序号	主题	类别	提示词
73		科技题材（Technology Themes）	先进的（Advanced） 科幻的（Sci-fi） 数字化的（Digital） 人工智能（Artificial Intelligence）
74		战争题材（War Themes）	战争场面（Battle Scenes） 英勇的（Heroic） 反战的（Anti-war） 战争后遗症（War Aftermath） 军事战略（Military Strategies）
75		童话题材（Fairy Tales Themes）	童真的（Childlike） 童话世界（Fairy Tale World） 魔法的（Magical） 精灵公主（Fairy Princesses） 古老传说（Ancient Legends）
76		现代生活（Modern Life）	都市化（Urbanization） 现代社会（Modern Society） 城市喧嚣（City Bustle） 生活压力（Life Stress） 科技便利（Technological Convenience）

8.2.2 使用 Midjourney 生成风景画

在本小节中，我们将结合8.2.1小节提供的提示词参考，使用Midjourney生成风景主题的图像。

1 输入提示词“A landscape painting capturing a pristine beach with serene water and leisurely seabirds, bringing a sense of tranquility and leisure to the observer”（风景画，原始海滩、平静的海水、悠闲的海鸟，给观察者带来了宁静和休闲的感觉），生成的图像如图8-13所示。

2 输入提示词“A landscape painting capturing the bustling cityscape adorned with vibrant neon lights, creating a lively and captivating scene”（风景画，繁华的城市和充满活力的霓虹灯，创造一个生动迷人的场景），生成的图像如图8-14所示。

图8-13　海滩风景画

图8-14　城市风景画

8.2.3 使用 Midjourney 生成人物画

在本小节中，我们将结合8.2.1小节提供的提示词参考，使用Midjourney生成人物主题的图像。

1 输入提示词“A portrait of an Asian male, capturing a close-up view to showcase his unique features and character”（亚洲男性肖像画，特写展示他的特征和性格），生成的图像如图8-15所示。

图8-15　亚洲男性肖像画

2 输入提示词“A portrait of an Asian female, capturing a close-up view to showcase her unique features and elegance”（亚洲女性肖像画，特写展示她的特征和优雅），生成的图像如图8-16所示。

图8-16　亚洲女性肖像画

8.2.4 使用 Midjourney 生成静物画

图8-17 乐器静物画

在本小节中，我们将结合8.2.1小节提供的提示词参考，使用Midjourney生成静物主题的图像。

1 输入提示词“A still life painting featuring classical and ornate musical instruments”（静物画，古典华丽的乐器），生成的图像如图8-17所示。

图8-18 组合静物画

2 输入提示词“A still life painting depicting a metallic candle holder, silk fabric, and antique clocks, showcasing their rich textures and details”（静物画，金属质感的烛台、丝绸织物和古董钟表，展示它们丰富的纹理和细节），生成的图像如图8-18所示。

图8-19　书籍静物画

3 输入提示词“A still life painting of ancient and weighty books, capturing their historical significance and imposing presence”（静物画，古老厚重的书籍，捕捉它们的历史意义和气势），生成的图像如图8-19所示。

8.2.5　使用 Midjourney 生成抽象画

在本小节中，我们将结合8.2.1小节提供的提示词参考，使用Midjourney生成抽象的图像。

1 输入提示词“A colorful and vibrant abstract painting”（色彩鲜艳的抽象画），生成的图像如图8-20所示。

2 输入提示词“A dark and moody abstract painting”（黑暗而忧郁的抽象画），生成的图像如图8-21所示。

图8-20　色彩鲜艳的抽象画

图8-21　黑暗而忧郁的抽象画

8.3 Midjourney对绘画风格的表达

绘画风格是艺术作品所呈现出的独特风貌和表现方式，它能够赋予作品不同的视觉效果和情感表达。在本节中，我们将侧重于绘画风格，通过实战示例，合理运用风格提示词，详细展示Midjourney对印象派绘画、现实主义绘画、超现实主义绘画等不同风格的表达。

8.3.1 绘画风格提示词参考

绘画风格和流派包含诸多内容，且两者间有诸多重复元素。本小节总结了与绘画风格相关的提示词，以便读者在生图过程中随时查阅和应用，见表8-3。

表8-3 绘画风格提示词

序号	主题	类别	提示词	
1	绘画风格（Painting Style）	现实主义（Realism）	真实的（True） 当代的（Contemporary）	精细的（Detailed）
2		超现实主义（Surrealism）	梦幻的（Dreamlike） 潜意识的（Subconscious）	离奇的（Uncanny）
3		现代主义（Modernism）	前卫的（Avant-garde） 实验性的（Experimental）	创新的（Innovative）
4		后现代主义（Postmodernism）	反传统的（Anti-traditional） 自我意识的（Self-referential）	多元化的（Pluralistic）
5		未来主义（Futurism）	未来的（Futuristic） 机械化的（Mechanized）	动感的（Dynamic）
6		古典主义（Classicism）	古典的（Classical） 典雅的（Elegant）	庄重的（Dignified）
7		表现主义（Expressionism）	强烈的（Intense） 情感的（Emotional）	扭曲的（Distorted）
8		抽象表现主义（Abstract Expressionism）	抽象的（Abstract） 大胆的（Bold）	情感的（Emotional）
9		立体主义（Cubism）	立体的（Three-dimensional） 多面的（Multifaceted）	几何的（Geometric）
10		极简主义（Minimalism）	简约的（Simplified） 实用的（Practical）	纯粹的（Pure）
11		波普艺术（Pop Art）	大众文化（Pop Culture） 鲜艳的（Vibrant）	大胆的（Bold）

续表

序号	主题	类别	提示词
12		新古典主义（Neoclassicism）	古典的（Classical）　对称的（Symmetrical） 庄重的（Dignified）
13		幻想风格（Fantasy Style）	异想天开的（Fantastical）　超现实的（Surreal） 梦幻的（Dreamlike）
14		浪漫主义（Romanticism）	热情的（Passionate）　唯美的（Aesthetic） 富有情感的（Emotive）
15		新印象主义（Neo-impressionism）	分割的（Divisionist）　有斑点的（Dappled） 光影交错（Interplay of Light and Shadow）
16		文艺复兴（Renaissance）	精致的（Exquisite）　优雅的（Elegant） 复兴（Revival）
17		巴洛克（Baroque）	华丽的（Ornate）　戏剧性的（Dramatic） 情感丰富的（Emotionally Rich）
18		印象派（Impressionism）	轻快的（Brisk）　发亮的（Luminous） 不受约束的（Unconstrained）
19		点彩派（Pointillism）	点缀的（Dotted）　色彩丰富的（Colorful） 视觉冲击力强的（Visually Impactful）
20		前卫派（Avant-garde）	前卫的（Avant-garde）　新颖的（Innovative） 大胆的（Bold）
21	代表人物（Representative Figure）	现实主义（Realism）	居斯塔夫·库尔贝（Gustave Courbet） 爱德华·马奈（Édouard Manet）
22		超现实主义（Surrealism）	萨尔瓦多·达利（Salvador Dali） 勒内·马格利特（René Magritte）
23		表现主义（Expressionism）	爱德华·蒙克（Edvard Munch） 埃贡·席勒（Egon Schiele）
24		抽象表现主义（Abstract Expressionism）	杰克逊·波洛克（Jackson Pollock） 马克·罗斯科（Mark Rothko）
25		立体主义（Cubism）	巴勃罗·毕加索（Pablo Picasso） 乔治·布拉克（Georges Braque）
26		极简主义（Minimalism）	唐纳德·贾德（Donald Judd） 弗兰克·斯特拉（Frank Stella）

续表

序号	主题	类别	提示词
27		新古典主义（Neoclassicism）	雅克·路易·大卫（Jacques-Louis David） 安东尼奥·卡诺瓦（Antonio Canova）
28		浪漫主义（Romanticism）	卡斯帕·大卫·弗里德里希（Caspar David Friedrich） 约瑟夫·马洛德·威廉·特纳（J.M.W. Turner）
29		新印象主义（Neo-impressionism）	乔治·修拉（Georges Seurat） 保罗·西涅克（Paul Signac）
30		印象派（Impressionism）	克劳德·莫奈（Claude Monet） 皮埃尔·奥古斯特·雷诺阿（Pierre-Auguste Renoir）

8.3.2 使用Midjourney生成印象派绘画

在本小节中，我们将结合8.3.1小节提供的提示词参考，使用Midjourney生成印象派绘画。

1 输入提示词“An Impressionist painting”（印象派绘画），生成的图像如图8-22所示。

2 输入提示词“A Neo-impressionist painting”（新印象主义绘画），生成的图像如图8-23所示。

图8-22 印象派绘画

图8-23 新印象主义绘画

8.3.3 使用Midjourney生成现实主义绘画

在本小节中，我们将结合8.3.1小节提供的提示词参考，使用Midjourney生成现实主义绘画。

图8-24 现实主义绘画

1 输入提示词“A Realist painting”（现实主义绘画），生成的图像如图8-24所示。

图8-25 爱德华·马奈现实主义绘画

2 输入提示词“A Realist painting by Édouard Manet”（现实主义绘画，爱德华·马奈），生成的图像如图8-25所示。

8.3.4 使用 Midjourney 生成超现实主义绘画

图8-26 超现实主义绘画

在本小节中，我们将结合8.3.1小节提供的提示词参考，使用Midjourney生成超现实主义绘画。

1 输入提示词“A Surrealist painting”（超现实主义绘画），生成的图像如图8-26所示。

图8-27 勒内·马格利特超现实主义绘画

2 输入提示词“A Surrealist painting by René Magritte”（超现实主义绘画，勒内·马格利特），生成的图像如图8-27所示。

8.4 Midjourney对CG插画的表达

CG插画，全称为Computer Graphics插画，是指使用计算机图形学技术进行创作的插画作品。与传统手绘插画相比，CG插画具有更多的数字化特点，在创作过程中会使用计算机软件和工具进行绘画、渲染和后期处理。在本节中，我们将侧重于CG插画，通过实战示例，合理运用CG插画提示词，详细展示Midjourney对角色设计、科幻场景和幻想场景等不同插画的表达。

8.4.1 CG 插画提示词参考

CG插画涉及的内容十分丰富，本小节总结了与CG插画相关的提示词，以便读者在生图过程中随时查阅和应用，见表8-4。

表8-4 CG插画提示词

序号	主题	类别	提示词	
1	幻想世界（Fantasy World）	魔法森林（Magic Forest）	神秘的（Mysterious） 幽深的（Deep and Serene）	神奇的（Magical）
2		神秘城堡（Enchanted Castle）	壮丽的（Magnificent） 异想天开的（Fantastical）	古老的（Ancient）
3		童话生物（Fairy Tale Creatures）	可爱的（Adorable） 神秘的（Mystical）	奇异的（Strange）
4		龙和巫师（Dragons and Wizards）	威严的（Majestic） 魔幻的（Spellbinding）	强大的（Powerful）
5		神话传说（Mythical Legends）	传奇的（Legendary） 史诗般的（Epic）	神秘的（Mythical）
6	科幻场景（Sci-fi Scenes）	太空探险（Space Exploration）	壮观的（Spectacular） 挑战性的（Challenging）	未知的（Unknown）
7		未来城市（Future City）	先进的（Advanced） 闪耀的（Gleaming）	现代化的（Modernized）
8		机器人和机械（Robots and Machinery）	智能的（Intelligent） 高度复杂的（Highly Intricate）	高效的（Efficient）
9		外星生物（Extraterrestrial Beings）	奇异的（Alien） 超脱尘俗的（Otherworldly）	神秘的（Mysterious）
10		虚拟现实（Virtual Reality）	超真实的（Hyperreal） 令人惊叹的（Astonishing）	虚幻的（Illusory）
11	动漫（Anime and Manga）	可爱少女（Kawaii Girls）	萌萌的（Cute） 童真的（Innocent）	充满活力的（Vibrant）

续表

序号	主题	类别	提示词
12		史诗般的战斗（Epic Battles）	壮观的（Spectacular） 激烈的（Intense） 英勇的（Heroic）
13		萌宠（Cute Pets）	可爱憨厚的（Cute and Honest） 忠心耿耿的（Faithfully Devoted） 可爱小巧的（Adorable and Tiny）
14		超能力少年（Superpower Boys）	强大的（Powerful） 神秘的（Mysterious） 超凡的（Extraordinary）
15		日系风格（Japanese Style）	独特的（Distinctive） 传统的（Traditional） 新颖的（Innovative）
16	游戏角色和场景（Game Characters and Scenes）	角色设计（Character Design）	独特的（Unique） 生动的（Vivid） 精心设计的（Elaborately Designed）
17		奇幻游戏世界（Fantasy Game World）	神秘的（Mysterious） 异想天开的（Fantastical） 挑战性的（Challenging）
18		战斗场景（Battle Scenes）	激烈的（Intense） 惊险的（Thrilling） 火爆的（Explosive）
19		角色姿势（Character Poses）	动态的（Dynamic） 刚毅的（Resolute） 富有魅力的（Charming）
20	动物和生物（Animals and Creatures）	神奇生物（Mythical Creatures）	奇异的（Strange） 非凡的（Marvelous） 神秘的（Mysterious）
21		妖怪和精灵（Monsters and Elves）	神秘的（Mystical） 魔幻的（Magical） 古怪的（Quirky）
22		沉睡的动物（Sleeping Animals）	安详的（Serene） 可爱的（Adorable） 安宁的（Peaceful）
23		可爱的动物（Cute Animals）	充满爱的（Affectionate） 忠诚的（Loyal） 有趣的（Playful）
24	人物插画（Character Illustrations）	时尚女性（Fashionable Women）	优雅的（Graceful） 时尚的（Stylish） 自信的（Confident）
25		帅气男性（Handsome Men）	英俊的（Handsome） 坚定的（Determined） 富有魅力的（Charming）
26		儿童角色（Children Characters）	可爱的（Cute） 快乐的（Joyful） 纯真的（Innocent）
27		名人肖像（Celebrity Portraits）	栩栩如生的（Lifelike） 卓越的（Distinguished） 光辉璀璨的（Radiantly Illustrious）

续表

序号	主题	类别	提示词	
28		历史人物（Historical Figures）	古老的（Ancient） 伟大的（Great）	杰出的（Outstanding）
29	风景和自然（Landscapes and Nature）	四季（Four Seasons）	多样的（Diverse） 悠闲的（Leisurely）	惬意的（Pleasant）
30		山水画（Landscape Paintings）	宁静的（Serene） 优雅的（Gracefully）	绚丽的（Gorgeous）
31		沙滩日落（Beach Sunsets）	美丽的（Beautiful） 愉悦的（Delightful）	浪漫的（Romantic）
32		森林探险（Forest Exploration）	神秘的（Mysterious） 僻静的（Secluded）	厚而密的（Thick and Dense）
33		自然奇观（Natural Wonders）	壮观的（Spectacular） 令人惊叹的（Astonishing）	绝妙的（Wonderful）
34	数字艺术（Digital Art）	数码绘画（Digital Painting）	精致的（Exquisite） 有创意的（Creative）	独特的（Unique）
35		像素艺术（Pixel Art）	像素化的（Pixelated） 复古的（Retro）	色彩丰富的（Colorful）
36		数字雕塑（Digital Sculpture）	复杂的（Intricate） 立体的（Three-dimensional）	逼真的（Realistic）
37		虚拟现实艺术（Virtual Reality Art）	沉浸式的（Immersive） 交互式的（Interactive）	未来感的（Futuristic）
38	恐怖和黑暗幻想（Horror and Dark Fantasy）	妖怪恐惧（Monster Horror）	可怕的（Terrifying） 使人惊骇的（Horrifying）	惊悚的（Chilling）
39		黑暗魔法（Dark Magic）	邪恶的（Malevolent） 难以置信的（Unbelievable）	禁忌的（Taboo）
40		鬼怪传说（Ghost Legends）	传奇的（Legendary） 高深莫测的（Enigmatic）	阴森的（Gruesome）
41		恐怖场景（Scary Scenes）	令人不安的（Unsettling） 离奇的（Bizarre）	怪异的（Eerie）
42		黑暗王国（Dark Kingdom）	黑暗的（Dark） 悲凉的（Melancholic）	幽暗的（Gloomy）

续表

序号	主题	类别	提示词
43	未来科技（Futuristic Technology）	智能机器（Intelligent Machines）	先进的（Advanced） 强大的（Powerful） 人工智能驱动（AI-driven）
44		未来交通（Future Transportation）	高速的（High-speed） 环保的（Eco-friendly） 前沿的（Cutting-edge）
45		虚拟现实设备（Virtual Reality Devices）	沉浸式的（Immersive） 创新的（Innovative） 逼真的（Realistic）
46		人工智能（Artificial Intelligence）	智能的（Intelligent） 自主的（Autonomous） 革命性的（Revolutionary）
47		生物科技（Biotechnology）	生命科学（Life Sciences） 未来医疗（Future of Medicine） 生物进化（Biological Evolution）

8.4.2 使用 Midjourney 生成角色设计插画

在本小节中，我们将结合8.4.1小节提供的提示词参考，使用Midjourney生成角色设计插画。

1 输入提示词“Character design sheet, male, in mechanized combat attire”（角色设计卡，男性，机械战斗装束），生成的图像如图8-28所示。

2 输入提示词“Character design sheet, female, elf, magical fantasy”（角色设计卡，女性，精灵，魔法奇幻），生成的图像如图8-29所示。

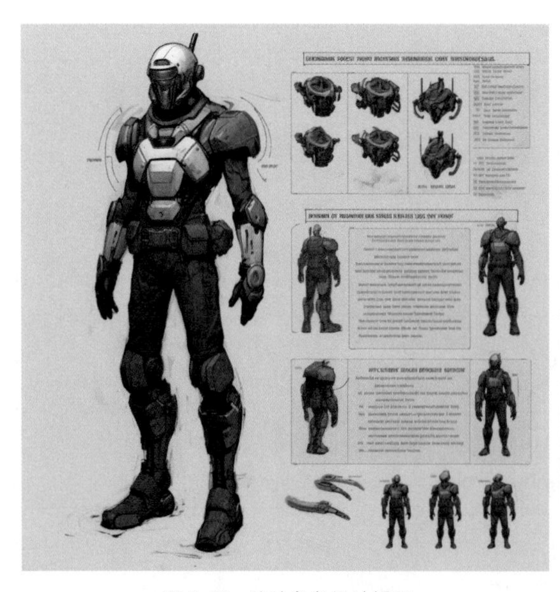

图8-28 战斗角色设计插画

图8-29 精灵角色设计插画

8.4.3 使用 Midjourney 生成科幻场景插画

在本小节中，我们将结合8.4.1小节提供的提示词参考，使用Midjourney生成科幻场景插画。

1 输入提示词“Sci-fi scene, spectacular space exploration”（科幻场景，壮观的太空探险），生成的图像如图8-30所示。

图8-30 太空探险科幻场景插画

2 输入提示词“Sci-fi scene, futuristic city”（科幻场景，未来城市），生成的图像如图8-31所示。

图8-31 未来城市科幻场景插画

图8-32　机械科幻场景插画

3 输入提示词“Sci-fi scene, highly complex robots and machinery”（科幻场景，高度复杂的机器人和机械），生成的图像如图8-32所示。

图8-33　外星生物科幻场景插画

4 输入提示词“Sci-fi scene, extraterrestrial alien creatures”（科幻场景，外星生物），生成的图像如图8-33所示。

8.4.4　使用 Midjourney 生成幻想场景插画

在本小节中，我们将结合8.4.1小节提供的提示词参考，使用Midjourney生成幻想场景插画。

1 输入提示词“Fantasy world, enchanted deep forest of magic”（幻想世界，幽深的魔法森林），生成的图像如图8-34所示。

图8-34　魔法森林幻想场景插画

2 输入提示词“Fantasy world, ancient majestic magic castle”（幻想世界，古老宏伟的魔法城堡），生成的图像如图8-35所示。

图8-35　魔法城堡幻想场景插画

图8-36　童话生物幻想场景插画

3 输入提示词“Fantasy world, cute and enigmatic fairy tale creature”（幻想世界，可爱神秘的童话生物），生成的图像如图8-36所示。

图8-37　巨龙与巫师幻想场景插画

4 输入提示词“Fantasy world, mighty dragon and wizard”（幻想世界，巨龙与巫师），生成的图像如图8-37所示。

本章小结

在本章中，我们深入探讨了Midjourney在绘画领域的应用，并为读者提供了丰富的实战案例。我们分别演示了Midjourney对绘画工具和技法、绘画主题、绘画风格和CG插画的表达，并在每个板块提供了相应的提示词参考，以帮助读者积累更丰富的提示词语料。通过学习本章内容，可以掌握Midjourney在绘画领域的使用技巧，也可以更灵活地运用Midjourney来创作不同内容的图像作品。

在下一章中，我们将探索Midjourney在摄影领域的应用，让读者在摄影领域的生图经验更加丰富。通过学习更多的实战案例，读者能够更好地掌握Midjourney的功能和特性，进一步提升图像创作的水平和创意表达。

09 CHAPTER

第9章

Midjourney 在摄影领域的应用

本章导读

在前文中，我们详细讲解了Midjourney在绘画领域的应用。现在，我们将探索Midjourney在摄影领域的应用。

摄影是一门艺术和技术相结合的领域，通过捕捉光线和影像，将瞬间的美妙永恒定格在画面中。本章中，我们将重点介绍Midjourney在摄影主题和摄影技术方面的表达。我们先为读者提供丰富的摄影主题和摄影技术提示词参考，以扩展读者的提示词语料，从而帮助读者了解摄影主题和摄影技术的多样性，然后进行生图实例演示，让读者更加熟悉Midjourney在此方面的应用。接着，我们将对镜头类、滤镜类、视角类、光影类提示词进行扩展，并演示综合运用本章摄影类提示词进行生图。这样的综合应用将有助于读者更好地掌握Midjourney生成摄影图的技巧，从而更快地获得高质量的摄影图像素材，减少创作时间和成本。

通过学习本章内容，读者将深入了解Midjourney在摄影领域的应用，并通过综合运用摄影主题、摄影技术等提示词，丰富图像创作技巧。

温馨提示

（1）在3.3节中，已经详细介绍了Midjourney生图的基础操作，接下来的实战示例将不再重复叙述操作步骤，而是直接提供提示词及生成图像。

（2）由于AI图像生成的随机性和系统操作环境的差异，读者使用相同提示词进行实操时，所得图像与本书提供图像将略有差异。

（3）本书所提供的提示词参考不局限于单一章节使用，读者可以通过穿插应用不同章节的提示词来探索更多图像生成结果。

（4）读者若想尽快上手实操，可以跳过说明文字，直接实操章节实例，运用提示词参考的词组对实例中的部分提示词进行更换，以便迅速地尝试生成更多样的图像。

9.1 Midjourney对摄影主题的表达

摄影主题是指在摄影创作中所选择的主要题材，它是摄影作品表达的核心内容和主要视觉元素。在摄影领域，不同的主题可以带给观众不同的感受和视觉体验。摄影主题包括但不限于风景、人物、动物、静物、抽象等多种类型。

在Midjourney生成摄影图像的过程中，读者可以利用丰富的摄影主题提示词，快速生成与特定主题相关的摄影图像。在本节中，我们将通过实战示例，详细展示Midjourney对不同摄影主题的表达。

9.1.1 摄影主题提示词参考

本小节中，我们将为读者总结摄影主题相关的提示词，其中涵盖了风景、人像、儿童和宠物等，见表9-1。通过准确使用这些提示词，我们可以生成不同摄影主题的图像。

表9-1 摄影主题提示词

序号	主题	类别	提示词	
1	风景摄影（Landscape Photography）	山水（Mountains and Water）	壮丽的（Majestic） 雄伟的（Grand）	风景如画的（Picturesque）

续表

序号	主题	类别	提示词
2		日出和日落 （Sunrise and Sunset）	绚丽的（Gorgeous） 惊人的（Breathtaking） 多彩的（Colorful）
3		自然奇观 （Natural Wonder）	神秘的（Mysterious） 绝妙的（Wonderful） 令人惊叹的（Astonishing）
4	人像摄影 （Portrait Photography）	面部特写 （Facial Close-up）	生动的（Vivid） 细腻的（Delicate） 有表现力的（Expressive）
5		表情 （Expression）	快乐的（Joyful） 悲伤的（Sad） 自然的（Natural）
6		眼神 （Gaze）	深邃的（Profound） 温暖的（Warm） 炯炯有神的（Bright and piercing）
7	儿童摄影 （Child Photography）	童真笑容 （Innocent Smile）	灿烂的（Radiant） 纯真的（Pure） 欢乐的（Joyful）
8		童年游戏 （Childhood Game）	有趣的（Playful） 无忧无虑的（Carefree） 有创造性的（Creative）
9		亲子时光 （Parent-child Time）	温馨的（Warm） 快乐的（Happy） 亲密的（Close）
10	家庭摄影 （Family Photography）	家庭聚会 （Family Gathering）	快乐的（Joyful） 热闹的（Lively） 幸福的（Happy）
11		父母与子女 （Parents and Children）	深情的（Affectionate） 关爱的（Caring） 和睦的（Harmonious）
12		家庭合影 （Family Photos）	美满的（Blissful） 和谐的（Harmonious） 珍贵的（Precious）
13	动物摄影 （Animal Photography）	野生动物 （Wild Animals）	野生的（Wild） 未驯服的（Untamed） 稀有的（Rare）
14		动物行为 （Animal Behavior）	生动的（Vivid） 奇特的（Curious） 凶猛的（Fierce）
15		鸟类 （Birds）	多彩的（Colorful） 精致的羽毛（Exquisite Plumage） 自由飞翔的（Freely Soaring）
16	宠物摄影 （Pet Photography）	狗 （Dog）	忠诚的（Loyal） 有趣的（Playful） 可爱的（Cute）
17		猫 （Cat）	独立的（Independent） 温柔的（Gentle） 惹人怜爱的（Endearing）
18		鹦鹉 （Parrot）	多彩的（Colorful） 聪明的（Intelligent） 活泼的（Lively）

续表

序号	主题	类别	提示词
19	街头摄影（Street Photography）	街头生活（Street Life）	真实的（Authentic） 多样的（Diverse） 繁忙的（Busy）
20		行人（Pedestrians）	匆忙的（Hasty） 拥挤的（Crowded）
21		城市风景（Urban Landscape）	繁华的（Prosperous） 现代的（Modern） 多样的（Diverse）
22	建筑摄影（Architecture Photography）	城市建筑（City Architecture）	雄伟的（Majestic） 现代的（Modern） 精美的（Exquisite）
23		建筑细节（Architectural Details）	复杂的（Intricate） 独特的（Unique） 雕刻的（Sculptural）
24		现代建筑（Modern Building）	前卫的（Avant-garde） 创新的（Innovative） 大胆的（Bold）
25	食物摄影（Food Photography）	美味佳肴（Delicious Dishes）	诱人的（Appetizing） 色彩鲜艳的（Colorful） 精致的（Exquisite）
26		小吃和甜品（Snacks and Desserts）	甜的（Sweet） 诱人的（Enticing） 口感丰富（Rich in Taste）
27		餐桌情景（Dining-table Scenes）	温馨的（Cozy） 新鲜的（Fresh） 精心布置的（Carefully Arranged）
28	体育摄影（Sports Photography）	体育动作（Sports Action）	动感的（Dynamic） 激烈的（Intense） 精彩的（Exciting）
29		运动员（Athlete）	勇敢的（Brave） 精英（Elite） 坚定的（Determined）
30		竞技瞬间（Athletic Moments）	精彩的（Spectacular） 决胜时刻（Crucial Moments） 瞬息万变的（Rapidly Changing）
31	自然摄影（Nature Photography）	植物世界（Plant World）	多样的（Diverse） 美丽的（Beautiful） 优雅的（Graceful）
32		昆虫（Insect）	绚丽多彩的（Colorful） 奇特的（Peculiar） 生动的（Lively）
33		森林（Forest）	茂密的（Lush） 神秘的（Mysterious） 安宁的（Tranquil）
34	夜景摄影（Night Photography）	城市夜景（City Nightscape）	灯火辉煌的（Brightly Illuminated） 璀璨的（Dazzling） 富有魅力的（Charming）
35		星空（Starry Sky）	幽静的（Serene） 星光闪烁（Twinkling with Stars） 辽阔而遥远的（Vast and Distant）

续表

序号	主题	类别	提示词
36		照明效果（Lighting Effects）	柔美的（Soft and Gentle） 神秘的（Mysterious） 迷人的（Enchanting）
37	抽象摄影（Abstract Photography）	外形（Shapes）	几何的（Geometric） 弯曲的（Curved） 流动的（Fluid）
38		纹理（Textures）	斑驳的（Mottled） 雕刻的（Sculptural） 抽象纹理（Abstract Textures）
39		色彩（Colors）	鲜艳的（Vibrant） 柔和的（Soft） 强烈的（Intense）
40	长曝光摄影（Long Exposure Photography）	轨迹（Trails）	弯曲的（Curving） 色彩丰富的（Colorful） 发光的（Glowing）
41		流水（Flowing Water）	细腻的（Delicate） 缓慢的（Slow） 平滑的（Smooth）
42		闪光灯技术（Flash Light Techniques）	神秘的（Mysterious） 有创意的（Creative） 独特的（Distinctive）

9.1.2 使用 Midjourney 生成人像摄影图

在本小节中，我们将结合9.1.1小节提供的提示词参考，使用Midjourney生成人像主题的摄影图像。

1 输入提示词“Portrait photography”（人像摄影），生成的图像如图9-1所示。

2 输入提示词“Portrait photography, exquisite and vivid close-up of face”（人像摄影，精致生动的面部特写），生成的图像如图9-2所示。

图9-1 人像摄影

图9-2 面部特写人像摄影

图9-3 眼神深邃而深情的人像摄影

3 输入提示词“Portrait photography, capturing profound and soulful gazes”（人像摄影，深邃而深情的眼神），生成的图像如图9-3所示。

图9-4 表情愉悦的人像摄影

4 输入提示词“Portrait photography, capturing joyful and delicate expressions”（人像摄影，愉悦与细腻的表情），生成的图像如图9-4所示。

9.1.3 使用 Midjourney 生成风景摄影图

图9-5 风景摄影

在本小节中，我们将结合9.1.1小节提供的提示词参考，使用Midjourney生成风景主题的摄影图像。

1 输入提示词“Landscape photography”（风景摄影），生成的图像如图9-5所示。

图9-6 风景摄影：山

2 输入提示词“Landscape photography, majestic and grand mountain scenery”（风景摄影，雄伟壮丽的山景），生成的图像如图9-6所示。

图9-7　风景摄影：日出

3 输入提示词“Landscape photography, sunrise”（风景摄影，日出），生成的图像如图9-7所示。

图9-8　风景摄影：峡谷奇观

4 输入提示词“Landscape photography, stunning canyon wonders”（风景摄影，令人惊叹的峡谷奇观），生成的图像如图9-8所示。

9.1.4 使用Midjourney生成动物摄影图

在本小节中，我们将结合9.1.1小节提供的提示词参考，使用Midjourney生成动物主题的摄影图像。

1 输入提示词“Animal photography, running lioness”（动物摄影，奔跑的母狮），生成的图像如图9-9所示。

图9-9 动物摄影：母狮

2 输入提示词“Animal photography, flying parrot”（动物摄影，飞翔的鹦鹉），生成的图像如图9-10所示。

图9-10 动物摄影：鹦鹉

图9-11 动物摄影：小猫

3 输入提示词“Animal photography, cute kitten eating cake”（动物摄影，吃蛋糕的可爱小猫），生成的图像如图9-11所示。

图9-12 动物摄影：小狗

4 输入提示词“Animal photography, cute puppy walking with owner”（动物摄影，陪主人散步的可爱小狗），生成的图像如图9-12所示。

9.1.5 使用 Midjourney 生成美食摄影图

图9-13 食物摄影：甜品

在本小节中，我们将结合9.1.1小节提供的提示词参考，使用Midjourney生成美食主题的摄影图像。

1 输入提示词“Food photography, desserts, french elegance”（食物摄影，甜品，法式优雅），生成的图像如图9-13所示。

图9-14 食物摄影：肉类

2 输入提示词“Food photography, delicately plated meats”（食物摄影，摆盘精致的肉类），生成的图像如图9-14所示。

图9-15 食物摄影：果蔬沙拉

3 输入提示词“Food photography, exquisite and tempting fruit and vegetable salad”（食物摄影，精致诱人的果蔬沙拉），生成的图像如图9-15所示。

图9-16 食物摄影：重庆小面

4 输入提示词“Food photography, chongqing spicy noodles”（食物摄影，重庆小面），生成的图像如图9-16所示。

9.2 Midjourney对摄影技术的表达

摄影技术是指在摄影创作中使用的各种技术方法，旨在获得更好的拍摄效果和艺术表现力。随着科技的不断进步和摄影设备的更新，摄影技术也在不断进步，为摄影师提供了更多创作的可能性和选择。在Midjourney生成摄影图的过程中，读者可以通过添加不同的摄影技术类提示词，对生成的图像进行有效的调控。在本节中，我们将通过实战示例，详细展示Midjourney对不同摄影技术的表达。

9.2.1 摄影技术提示词参考

本小节中，我们将为读者总结摄影技术相关提示词，其中包括但不限于焦距、曝光、白平衡等，见表9-2。通过使用这些提示词，我们可以生成表现不同摄影技术的图像。

表9-2 摄影技术提示词

序号	主题	类别	参数及特性
1	焦距（Focal Length）	广角镜头（Wide-angle Lens）	18mm，24mm，35mm
2		中长焦镜头（Medium Telephoto Lens）	50mm，85mm，100mm
3		长焦镜头（Telephoto Lens）	200mm，300mm，400mm
4	曝光（Exposure）	快门速度（Shutter Speed）	1/1000秒（1/1000s），1/60秒（1/60s），30秒（30s）
5		光圈值（Aperture Value）	f/4，f/8，f/16
6	白平衡（White Balance）	预设白平衡（Preset White Balance）	日光（Daylight），阴天的（Cloudy），白炽灯光的（Incandescent）
7	快门速度（Shutter Speed）	快速快门（Fast Shutter）	1/8000秒（1/8000s），1/2000秒（1/2000s），1/500秒（1/500s）
8		慢速快门（Slow Shutter）	1秒（1s），5秒（5s），30秒（30s）
9		长曝光（Long Exposure）	60秒（60s），180秒（180s），300秒（300s）
10	光圈（Aperture）	大光圈（Large Aperture）	f/1.4，f/2.0，f/2.4
11		小光圈（Small Aperture）	f/8，f/11，f/16
12	感光度（ISO）	高ISO（High ISO）	ISO 1600，ISO 3200，ISO 6400
13		低ISO（Low ISO）	ISO 100，ISO 200，ISO 400
14	景深控制（Depth of Field Control）	前景虚化（Foreground Blur）	—
15		背景虚化（Background Blur）	—
16		超焦距摄影（Hyperfocal Distance Photography）	—

续表

序号	主题	类别	参数及特性
17	多重曝光（Multiple Exposures）	双重曝光（Double Exposure）	—
18		三重曝光（Triple Exposure）	—

9.2.2　使用 Midjourney 生成黑白摄影图

在本小节中，我们将结合9.2.1小节提供的提示词参考，使用Midjourney对摄影图像的技术表现进行控制。

1 输入提示词“Black and white photography, portrait of an artist with blurred background”（黑白摄影，艺术家肖像，背景虚化），生成的图像如图9-17所示。

图9-17　黑白摄影：人物肖像

2 输入提示词“Black and white photography, reading space with texture, high ISO”（黑白摄影，阅读空间，有质感的，高ISO），生成的图像如图9-18所示。

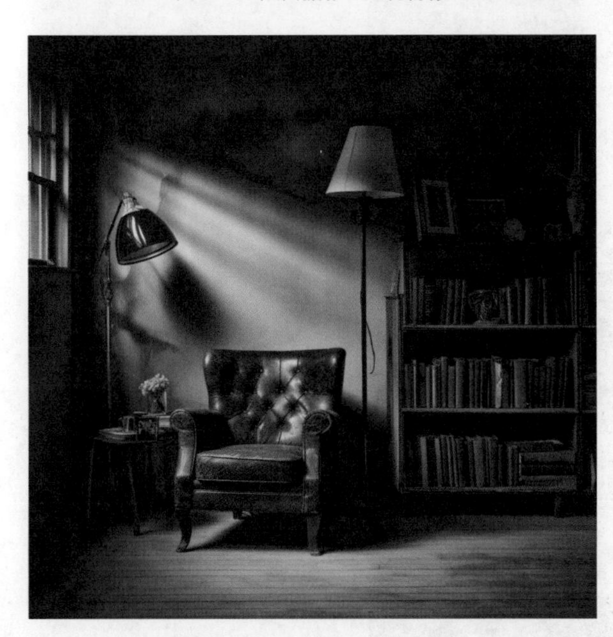

图9-18　黑白摄影：阅读空间

9.2.3 使用Midjourney生成微距摄影图

在本小节中，我们将结合9.2.1小节提供的提示词参考，使用Midjourney对摄影图像的焦距表现进行控制。

1 输入提示词“Macro photography, blooming succulent plant”（微距摄影，盛开的多肉植物），生成的图像如图9-19所示。

图9-19 微距摄影：植物

2 输入提示词“Macro photography, hummingbird drinking honey”（微距摄影，喝蜂蜜的蜂鸟），生成的图像如图9-20所示。

图9-20 微距摄影：动物

9.2.4　使用 Midjourney 生成高速摄影图

在本小节中，我们将结合9.2.1小节提供的提示词参考，使用Midjourney生成高速摄影图。

1 输入提示词“High-speed photography, splash explosion colored dust”（高速摄影，飞溅爆炸彩色粉尘），生成的图像如图9-21所示。

图9-21　高速摄影：彩色粉尘

2 输入提示词“High-speed photography, fast-flowing liquids”（高速摄影，快速流动的液体），生成的图像如图9-22所示。

图9-22　高速摄影：液体

9.3 其他摄影相关的提示词扩展

在本节中，我们将对镜头类、滤镜类、视角类和光影类提示词分类扩展，并综合运用前文已出现的提示词、示例进行实战演示，以帮助读者更熟练地运用Midjourney。

9.3.1 镜头类提示词

镜头通常指的是摄影机、摄像机或相机上的光学镜组，用于收集和聚焦光线，使光线汇聚在感光介质上，从而记录图像或视频。镜头是摄影和摄像过程中最重要的元素之一，直接影响着成像的质量和效果。

在摄影中，镜头的选择对于拍摄的效果至关重要。不同类型的镜头可以满足不同的拍摄需求。

- **定焦镜头：**焦距固定，适用于需要清晰、锐利图像的场景拍摄，如人像摄影或静物摄影。
- **变焦镜头：**可以调整焦距，灵活适应不同拍摄距离，常用于旅游摄影、野生动物摄影等需要快速调整镜头焦距的场景。
- **广角镜头：**具有较大的视角，适用于拍摄建筑、风景等广阔场景，能够捕捉更多的画面内容。
- **长焦镜头：**焦距较大，可以远距离拍摄，常用于野生动物、体育赛事等需要远距离拍摄的场景。
- **微距镜头：**适用于拍摄极小物体的细节，如昆虫、花朵等，能够呈现细微的纹理和结构。

除此之外，不同品牌的镜头也有不同的特性，在Midjourney的生图应用中，加上具体品牌及型号的镜头提示词，往往也可以得到不同特性的图像。我们为读者总结了常见的镜头型号，以便读者查阅和使用，见表9-3。

表9-3 镜头类提示词

<table>
<tr><th>序号</th><th>主题</th><th>类别</th><th>型号</th></tr>
<tr><td>1</td><td rowspan="3">广角镜头（Wide-angle Lens）</td><td>普通广角镜头（Regular Wide-angle Lens）</td><td>尼康（Nikon）AF-S 24mm f/1.8G ED
佳能（Canon）EF 28mm f/1.8 USM
徕卡（Leica）Summilux-M 24mm f/1.4 ASPH
徕卡（Leica）Super-Elmar-M 21mm f/3.4 ASPH</td></tr>
<tr><td>2</td><td>超广角镜头（Ultra-wide-angle Lens）</td><td>索尼（Sony）FE 16-35mm f/2.8 GM
腾龙（Tamron）17-28mm f/2.8 Di III RXD</td></tr>
<tr><td>3</td><td>鱼眼镜头（Fisheye Lens）</td><td>尼康（Nikon）AF Fisheye-NIKKOR 16mm f/2.8D
佳能（Canon）EF 8-15mm f/4L Fisheye USM
徕卡（Leica）Super-Elmar-M 18mm f/3.8 ASPH
徕卡（Leica）APO-Elmarit-R 16mm f/2.8 ASPH</td></tr>
<tr><td>4</td><td rowspan="2">标准镜头（Standard Lens）</td><td>50mm定焦镜头（50mm Prime Lens）</td><td>尼康（Nikon）AF-S 50mm f/1.4G
佳能（Canon）EF 50mm f/1.8 STM
徕卡（Leica）Summilux-M 50mm f/1.4 ASPH</td></tr>
<tr><td>5</td><td>35mm定焦镜头（35mm Prime Lens）</td><td>索尼（Sony）FE 35mm f/1.8
佳能（Canon）EF 35mm f/2 IS USM
徕卡（Leica）Summicron-M 35mm f/2 ASPH</td></tr>
</table>

续表

序号	主题	类别	型号
6	长焦镜头 （Telephoto Lens）	中长焦镜头 （Medium Telephoto Lens）	尼康（Nikon）AF-S 85mm f/1.8G 佳能（Canon）EF 100mm f/2 USM 徕卡（Leica）APO-Summicron-M 90mm f/2 ASPH 徕卡（Leica）APO-Summicron-SL 75mm f/2 ASPH
7		远长焦镜头 （Super Telephoto Lens）	尼康（Nikon）AF-S 300mm f/4E PF ED VR 佳能（Canon）EF 400mm f/5.6L USM
8	微距镜头 （Macro Lens）	微距定焦镜头 （Macro Prime Lens）	尼康（Nikon）AF-S VR Micro 105mm f/2.8G IF-ED 佳能（Canon）EF 100mm f/2.8L Macro IS USM 徕卡（Leica）Macro-Elmar-M 90mm f/4 徕卡（Leica）APO-Macro-Elmarit-TL 60mm f/2.8 ASPH

9.3.2 滤镜类提示词

滤镜是摄影和后期制作中常用的一种影像处理工具。它可以通过透过或反射的方式改变光线的颜色、亮度、对比度等特性，从而影响图像的效果和风格。滤镜广泛应用于相机镜头、摄像机镜头及后期图像处理软件中。

在相机镜头上，滤镜是安装在镜头前的一种透光装置。常见的滤镜类型包括以下几种。

- **UV滤镜：**主要用于阻挡紫外线，保护镜头表面，并且不会对图像产生明显的影响。
- **偏振滤镜：**用于调整光线的方向，减少或消除反射光，增强颜色饱和度和对比度。
- **ND滤镜（中灰镜）：**用于减少进入相机的光线量，特别是在明亮的环境下，可延长快门速度，实现长曝光效果。
- **色彩滤镜：**通过添加或减少特定颜色的光线，调整图像的色调和白平衡。

在后期图像处理软件中，滤镜通常以软件插件的形式存在。这些滤镜可以应用于图像或视频，对其进行调色、特效处理，或者模拟特定的拍摄风格。一些流行的图像处理软件，如Photoshop和Lightroom，具有丰富的滤镜选项，供摄影师和设计师使用。

滤镜的应用可以让摄影作品呈现出不同的艺术效果，增强照片的表现力和情感。不同类型的滤镜可以用于不同场景和风格的拍摄。例如，黑白滤镜可以营造复古或戏剧性效果，暖色调滤镜可以增加照片的温暖感，冷色调滤镜则增强了冷静的氛围。下面为读者总结了常见的滤镜类提示词，以便读者查阅和使用，见表9-4。

表9-4 滤镜类提示词

序号	主题	类别
1	色彩滤镜 （Color Filters）	红色滤镜（Red Filters）
2		橙色滤镜（Orange Filters）
3		黄色滤镜（Yellow Filters）

续表

序号	主题	类别
4		绿色滤镜（Green Filters）
5		蓝色滤镜（Blue Filters）
6		紫色滤镜（Purple Filters）
7		粉红滤镜（Pink Filters）
8		褐色滤镜（Brown Filters）
9		灰色滤镜（Grey Filters）
10		黑白滤镜（Black and White Filters）
11		绿蓝渐变滤镜（Green to Blue Graduated Filters）
12		蓝紫渐变滤镜（Blue to Purple Graduated Filters）
13		橙黄渐变滤镜（Orange to Yellow Graduated Filters）
14		紫粉渐变滤镜（Purple to Pink Graduated Filters）
15		红黄渐变滤镜（Red to Yellow Graduated Filters）
16		褐灰渐变滤镜（Brown to Grey Graduated Filters）
17		绿蓝紫多色渐变滤镜（Green-Blue-Purple Multicolor Graduated Filters）
18		青绿渐变滤镜（Cyan to Green Graduated Filters）
19		橙红渐变滤镜（Orange to Red Graduated Filters）
20		红紫渐变滤镜（Red to Purple Graduated Filters）
21		青蓝渐变滤镜（Cyan to Blue Graduated Filters）
22		橙黄蓝多色渐变滤镜（Orange-Yellow-Blue Multicolor Graduated Filters）
23		绿紫红多色渐变滤镜（Green-Purple-Red Multicolor Graduated Filters）
24		冷色调滤镜（Cool Tone Filters）
25		暖色调滤镜（Warm Tone Filters）
26		冷暖色调渐变滤镜（Cool-Warm Tone Graduated Filters）
27	特效滤镜（Special Effects Filters)	彩虹滤镜（Rainbow Filters）
28		梦幻滤镜（Dreamy Filters）
29		模糊滤镜（Blur Filters）
30		镜面滤镜（Mirrored Filters）
31		反射滤镜（Reflection Filters）
32		碎片滤镜（Fractal Filters）

续表

序号	主题	类别
33		负片滤镜（Negative Filters）
34		高光滤镜（Highlights Filters）
35		暗角滤镜（Vignette Filters）
36		高对比度滤镜（High Contrast Filters）
37		水彩滤镜（Watercolor Filters）
38		透视滤镜（Perspective Filters）
39		色调滤镜（Toning Filters）
40		运动模糊滤镜（Motion Blur Filters）
41		旋涡滤镜（Whirlpool Filters）
42		星光滤镜（Star Filters）
43		水晶球滤镜（Crystal Ball Filters）
44		玻璃滤镜（Glass Filters）

9.3.3 视角类提示词

在摄影和艺术中，视角是指拍摄或绘制作品时摄影师或艺术家选择的观察角度。不同的视角可以为作品带来不同的视觉效果和情感表达。常见的摄影视角包括以下几个。

- **俯视视角：**从上向下拍摄，可以强调被拍摄物体的整体结构和布局。
- **仰视视角：**从下向上拍摄，可以使被拍摄物体显得高大、威严或令人敬畏。
- **平视视角：**与被拍摄物体处于同一水平线上，呈现一种平和和真实的感觉。
- **低角度视角：**从地面低处向上拍摄，常用于拍摄高建筑或强调天空，营造宏伟感。
- **高角度视角：**从高处向下拍摄，用于强调被拍摄物体的小巧或创造一种飘浮感。

在摄影和艺术创作中，选择合适的视角可以为作品增色。下面为读者总结了常见的视角类提示词，以便读者查阅和使用，见表9-5。

表9-5 视角类提示词

序号	主题	类别
1	透视视角（Perspective Perspectives）	一点透视（One-point Perspective）
2		两点透视（Two-point Perspective）
3		三点透视（Three-point Perspective）
4	角度视角（Angle Perspectives）	高角度视角（High Angle Perspective）
5		低角度视角（Low Angle Perspective）

续表

序号	主题	类别
6		鸟瞰视角（Bird's-eye View）
7		蠕虫视角（Worm's-eye View）
8	方向视角（Direction Perspectives）	仰视视角（Looking Up Perspective）
9		俯视视角（Looking Down Perspective）
10		平视视角（Eye-level Perspective）
11	突出视角（Dominant Perspectives）	前景突出（Foreground Dominant）
12		主题突出（Subject Dominant）
13		背景突出（Background Dominant）
14	焦距视角（Focal Length Perspectives）	宽幅视角（Wide-angle Perspective）
15		窄幅视角（Telephoto Perspective）
16	水平与垂直视角（Horizontal and Vertical Perspectives）	水平视角（Horizontal Perspective）
17		垂直视角（Vertical Perspective）
18	特定场景视角（Specific Scene Perspectives）	外部视角（Exterior View）
19		内部视角（Interior View）
20		行动视角（Action Perspective）
21		逃避视角（Evasion Perspective）
22	其他视角（Other Perspectives）	全景视角（Panoramic View）
23		特写视角（Close-up View）
24		多角度视角（Multiple Angles Perspective）
25		对称视角（Symmetrical Perspective）

9.3.4 光影类提示词

光影是指在光照条件下产生的影子和光的变化效果。在摄影、绘画、影视等艺术形式中，光影是一种重要的视觉元素，它能够赋予作品立体感、层次感和情感。

具体到摄影中，光影是指通过不同的光线角度、亮度和色彩等因素所形成的影子和反射效果。摄影师可以利用光影的变化来创造戏剧性的效果，突出主题或物体的形态，并营造出不同的氛围和情绪。例如，在人像摄影中，适当进行光影处理，可以塑造出人像的轮廓和质感，增强人物的立体感，使照片更具生动性和艺术性。

下面为读者总结了常见的光影类提示词，以便读者查阅和使用，见表9-6。

表9-6　光影类提示词

序号	主题	类别
1	反射效果（Reflection Effects）	镜面反射效果（Mirror Reflection Effect）
2		自然光板（Natural Lightboard）
3	聚焦效果（Focused Effects）	聚焦光效（Focused Light Effect）
4		焦点效果（Spotlight Effect）
5		投影光板（Projected Lightboard）
6	环绕效果（Surrounding Effects）	环形光效（Ring Light Effect）
7		光晕效果（Halo Effect）
8		黄金时段光板（Golden Hour Lightboard）
9	彩色效果（Colored Effects）	荧光辉光（Fluorescent Glow）
10		色彩滤镜效果（Color Filter Effect）
11		金色光影（Golden Light and Shadow）
12	非彩色效果（Non-colored Effects）	黑白反差（Black and White Contrast）
13		高对比光板（High-contrast Lightboard）
14		拟真光影（Realistic Light and Shadow）
15	光影雕塑效果（Light and Shadow Sculpting Effects）	照明特效（Lighting Special Effects）
16		灯光梯度（Light Gradient）
17		光影交错（Light and Shadow Interplay）
18	柔光效果（Soft Lighting Effects）	柔光效果（Soft Light Effect）
19		背景投影（Background Projection）
20		荧光光效（Fluorescent Lighting Effect）
21	黄昏与黎明效果（Twilight and Dawn Effects）	黄金时段光效（Golden Hour Light Effect）
22		蓝色光效（Blue Light Effect）
23		阳光穿过云层（Sunlight Breaking through Clouds）

续表

序号	主题	类别
24	高光与阴影效果（Highlights and Shadows Effects）	高光效果（Highlights Effect）
25		阴影效果（Shadow Effect）
26		长阴影效果（Long Shadow Effect）
27	模拟效果（Simulation Effects）	黑白反差（Black and White Contrast）
28		镜面反射（Mirror Reflection）
29		色彩滤镜（Color Filter）
30	自然光效（Natural Lighting Effects）	黄金光效（Golden Glow Effect）
31		彩虹光效（Rainbow Light Effect）
32		太阳光效（Sunlight Effect）
33	特殊光源效果（Special Light Source Effects）	梦幻光效（Dreamy Lighting Effect）
34		背光玻璃效果（Backlit Glass Effect）
35		烛光效果（Candlelight Effect）
36	环境照明效果（Environmental Lighting Effects）	室内照明（Indoor Lighting）
37		夜景照明（Night Scene Lighting）
38		街景照明（Street Lighting）
39	动态光效（Dynamic Lighting Effects）	光线跟随（Light Following）
40		光影闪烁（Light and Shadow Flicker）
41		色彩流动（Color Flow）
42	其他效果（Other Effects）	背光效果（Backlighting Effect）
43		多光源照明（Multiple Light Source Illumination）
44		透光材质效果（Translucent Material Effect）
45		模糊辉光（Blur Glow）

9.3.5 摄影类提示词的综合运用

摄影类提示词除了用于摄影领域，还可以交叉用于设计、绘画等领域，因为这些领域都涉及画面视觉效果的表达，光影是其中一个非常重要的元素。在设计和绘画等领域中，摄影类提示词能够广泛应用且具有很强的适用性。我们将运用前文已生成的图片，通过在提示词中添加提示词进行对比演示。

图9-23 建筑设计效果图

1. 摄影类提示词在设计中的运用

(1) 建筑设计效果图

原始提示词:"Architectural design, villa, modernist style, minimalist, with a glossy exterior facade, exuding elegance and stability"(建筑设计，别墅，现代主义风格，极简主义，外立面光滑，典雅稳重的)，生成的图像如图9-23所示。

图9-24 建筑设计效果图(变换提示词后)

增加提示词后:"Architectural design, villa, modernist style, minimalist, with a glossy exterior facade, exuding elegance and stability, rainbow light effect, cool tone filters"(建筑设计，别墅，现代主义风格，极简主义，外立面光滑，典雅稳重的，彩虹光效，冷色调滤镜)，生成的图像如图9-24所示。

图9-25　室内设计效果图

（2）室内设计效果图

原始提示词："Interior design, bedroom, in the Rococo style, featuring a purple color scheme and half-closed curtains"（室内设计，卧室，洛可可风格，紫色系，窗帘半闭），生成的图像如图9-25所示。

图9-26　室内设计效果图（变换提示词后）

增加提示词后："Interior design, bedroom, in the Rococo style, featuring a purple color scheme and half-closed curtains, golden hour light effect"（室内设计，卧室，洛可可风格，紫色系，窗帘半闭，黄金时段光效），生成的图像如图9-26所示。

2. 摄影类提示词在绘画中的运用

(1)海滩风景画

原始提示词:“A landscape painting capturing a pristine beach with serene water and leisurely seabirds, bringing a sense of tranquility and leisure to the observer”(风景画，原始海滩、平静的海水、悠闲的海鸟，给观察者带来了宁静和休闲的感觉)，生成的图像如图9-27所示。

图9-27　海滩风景画

增加提示词后:“A landscape painting capturing a pristine beach with serene water and leisurely seabirds, bringing a sense of tranquility and leisure to the observer, dreamy filters, golden hour light effect”(风景画，原始海滩、平静的海水、悠闲的海鸟，给观察者带来了宁静和休闲的感觉，梦幻滤镜，黄金时段光效)，生成的图像如图9-28所示。

图9-28　海滩风景画(变换提示词后)

图9-29　CG场景插画

（2）CG场景插画

原始提示词："Fantasy world, enchanted deep forest of magic"（幻想世界，幽深的魔法森林），生成的图像如图9-29所示。

图9-30　CG场景插画（变换提示词后）

增加提示词后："Fantasy world, enchanted deep forest of magic, blur filters"（幻想世界，幽深的魔法森林，模糊滤镜），生成的图像如图9-30所示。

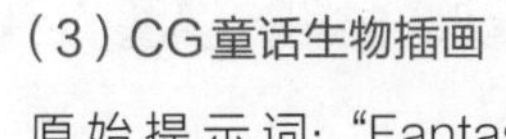

（3）CG童话生物插画

原始提示词："Fantasy world, cute and enigmatic fairy tale creature"（幻想世界，可爱神秘的童话生物），生成的图像如图9-31所示。

图9-31　CG童话生物插画

增加提示词后："Fantasy world, cute and enigmatic fairy tale creature, glass filters"（幻想世界，可爱神秘的童话生物，玻璃滤镜），生成的图像如图9-32所示。

图9-32　CG童话生物插画（变换提示词后）

本章小结

在本章中，我们深入探讨了Midjourney在摄影领域的应用，并为读者提供了丰富的实战案例。我们分别演示了Midjourney对摄影主题、摄影技术等方面的表达，并提供了相应的提示词参考，以帮助读者积累更丰富的提示词语料。通过学习本章内容，可以掌握Midjourney在摄影领域的使用技巧，也可以更灵活地运用Midjourney来创作不同内容的图像作品。

在下一章中，我们将探索Midjourney的创意应用，并且通过大量实战案例的演示，让读者能更好地掌握Midjourney的功能和特性，进一步提升图像创作的水平和创意表达。

第 10 章 Midjourney 的更多创意生图应用

本章导读

在本章中，我们将探索Midjourney的更多创意生图应用，为读者呈现各种令人兴奋的图像生成可能性。本章涵盖数字人视频生成、AI便捷化视频制作、AI矢量图转换及创意图像生成等内容。

我们先介绍数字人视频生成的过程，包括使用Midjourney生成逼真的人物肖像照，以及使用D-ID生成数字人视频的操作步骤，为读者提供实用的数字人视频生成演示。然后，我们探讨AI便捷化视频制作，包括使用ChatGPT生成视频文案、使用Midjourney生成视频素材及借助剪映进行视频生成，让读者能够轻松快速地创作出各种精彩的视频。除此之外，本章还将讲解AI矢量图转换，使读者可以在矢量图设计方面实现更高效的创作。最后，在创意图像生成方面，本章将探讨老式邮票、分层纸手工、动物贴纸、T恤印花、星空及融合物种等多种有趣的图像生成方法。

本章旨在展示Midjourney的多样化应用，帮助读者在图像创作中拓展思路。通过学习本章内容，读者将进一步了解Midjourney的趣味应用，从而开启更加丰富多彩的创意图像生成之旅。

温馨提示

（1）在3.3节中，已经详细介绍了Midjourney生图的基础操作，接下来的实战示例将不再重复叙述操作步骤，而是直接提供提示词及生成图像。

（2）由于AI图像生成的随机性和系统操作环境的差异，读者使用相同提示词进行实操时，所得图像与本书提供图像将略有差异。

10.1 数字人视频生成

数字人视频生成技术是一种生成式AI技术，它能够创造出逼真的数字人物形象和动态视频，使虚拟人物能够在各种场景中呈现出生动的表情和动作，实现与用户的点对点互动。

常用的数字人视频生成工具如下。

（1）D-ID：一个广受欢迎的数字人视频生成平台，它利用深度学习模型和多模态融合交互技术，根据人物肖像照片生成数字分身，并结合文本生成数字人动态视频，应用领域涉及虚拟形象设计、影视特效和游戏角色制作等。

（2）腾讯智影：腾讯开发的一款云端智能视频创作工具，无须下载即可通过PC浏览器访问，包括视频剪辑、素材库、文本配音、数字人播报、字幕识别等功能，可以帮助用户更好地进行视频化的表达。

（3）一知智能：其底层技术主要为NLP（自然语言处理）技术、多模态融合交互和大模型技术，该公司致力于开发智能客服和虚拟人相关产品，使数字人具备更自然的语音，同时结合仿真外观形象产出动态视频。

（4）元境数字科技：一家虚拟数字人技术公司，也采用了NLP技术和多模态融合交互技术，为数字人的交互性和真实性提供支持。该公司的数字人技术可应用于多模态语音交互领域，使虚拟人物更具活力和互动性。

数字人生成工具为数字人技术的普及和应用提供了强有力的支持，使数字人在不同商业场景和各行各业得到广泛应用。随着生成式AI技术的不断进步，数字人视频生成技术将为人们的生活带来更多机遇。

在本节中，我们将运用Midjourney生成虚拟人物肖像照，再将其上传至D-ID平台生成数字人视频。

10.1.1　使用 Midjourney 生成人物肖像照

在本小节中，我们将运用Midjourney生成虚拟人物肖像照，具体操作步骤如下。

1 登录Midjourney服务器，在底部的输入框中输入“/imagine”指令，按Enter键，出现“prompt”文本框，在“prompt”文本框中输入提示词“Portrait photography of a beautiful medieval princess wearing a crown adorned with flower and diamond decorations, with a white background”（人像摄影，一位中世纪的美丽公主，头带镶嵌花朵和钻石的王冠，白色背景），按Enter键发送，生成初始图片，如图10-1所示。

2 单击初始图下方的“U2”按钮，对第二幅图进行升档处理，得到人像成图并保存备用，如图10-2所示。

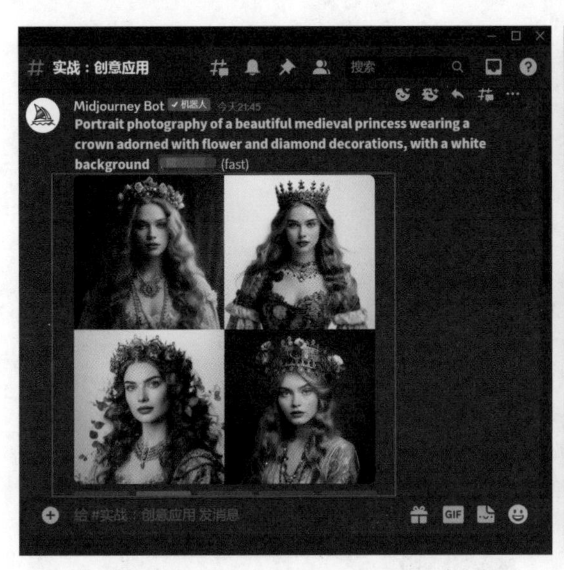

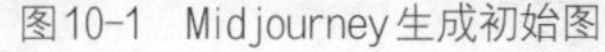
图10-1　Midjourney生成初始图

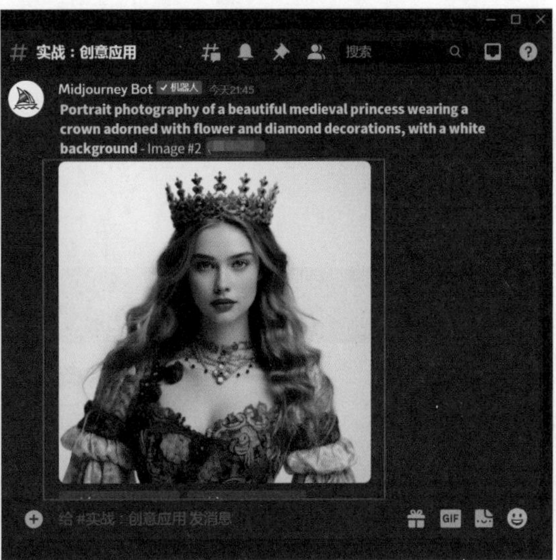

图10-2　Midjourney升档图片

10.1.2　使用 D-ID 生成数字人视频

在前文中，我们已经使用Midjourney生成了人物肖像照。接下来，我们将以宋词《苏幕遮》为文本内容，使用D-ID平台生成一条中世纪公主朗诵宋词的趣味数字人视频。

1 登录D-ID首页，单击“Create Video”（创建视频）按钮，进入视频制作页面，如图10-3所示。

2 进入视频制作页面后，单击●按钮，弹出文件选择框，选择前文已准备好的人物肖像照并上传，上传成功的图片将出现在预览窗口中，如图10-4所示。

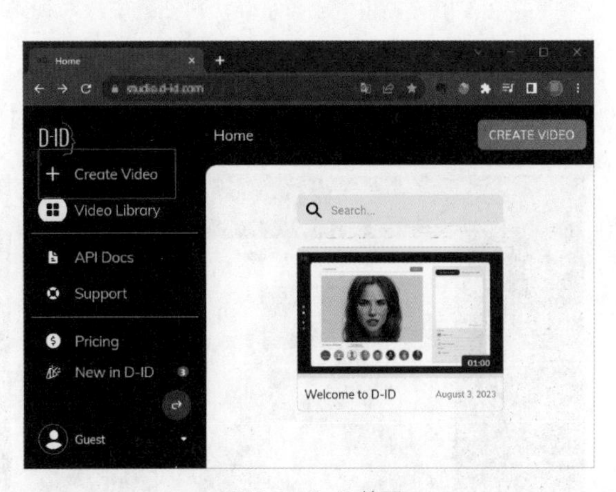

图10-3　D-ID首页

3 将宋词《苏幕遮》文本内容粘贴在“Script”（讲稿）文本框中，如图10-5所示。

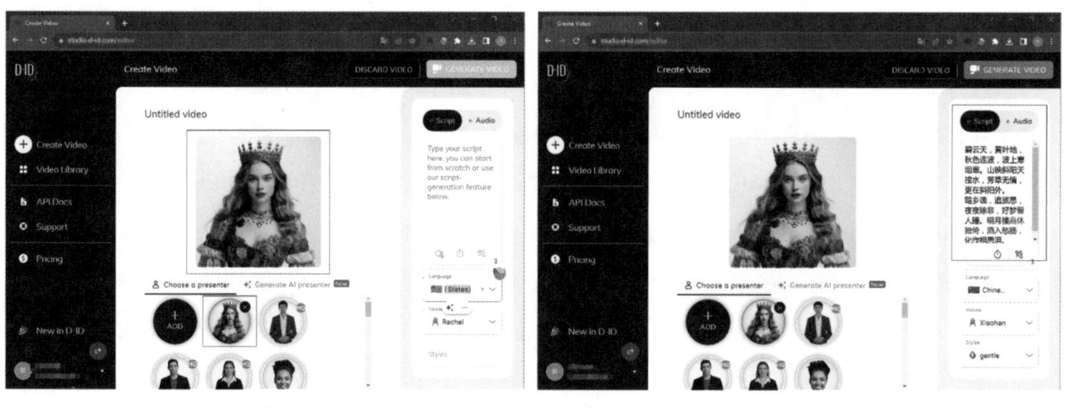

图10-4　上传人物肖像照　　　　图10-5　输入文本

4 设置数字人的“Language”（语言）、“Voices”（声音）和“Styles”（风格）分别为“Chinese”（中文）、“Xiaoxiao”（潇潇）和“poetry-reading”（诗词朗诵），如图10-6所示。

5 设置完成后，单击页面右上角“GENERATE VIDEO”（生成视频）按钮，弹出视频生成信息确认对话框，如图10-7所示。

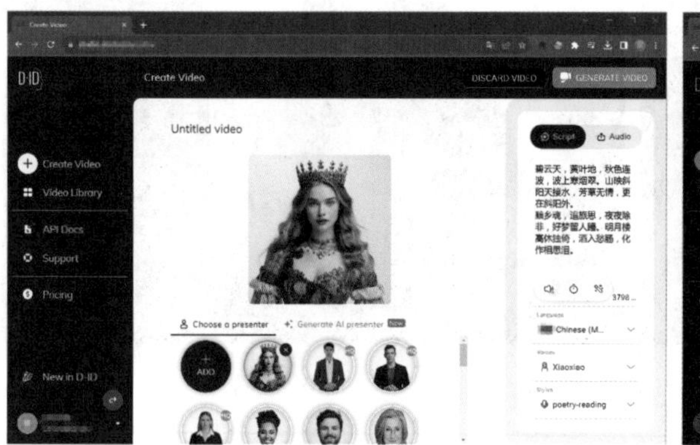

图10-6　数字人相关设置

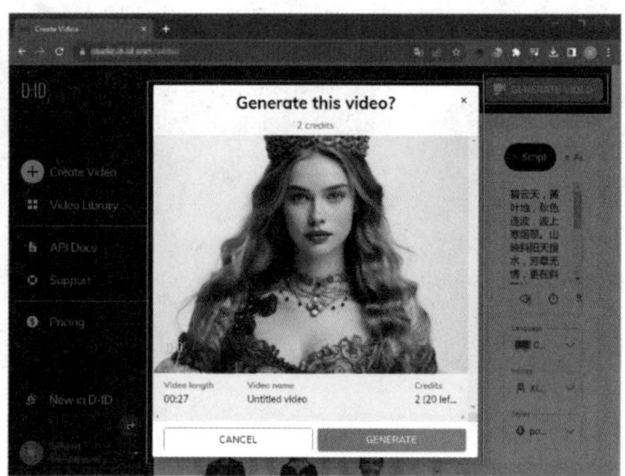

图10-7　视频生成信息确认对话框

6 在弹出的视频生成信息确认对话框中核对视频时长及信息，并单击“GENERATE”（生成）按钮生成视频，如图10-8所示。

7 生成的视频将自动出现在首页，如图10-9所示。

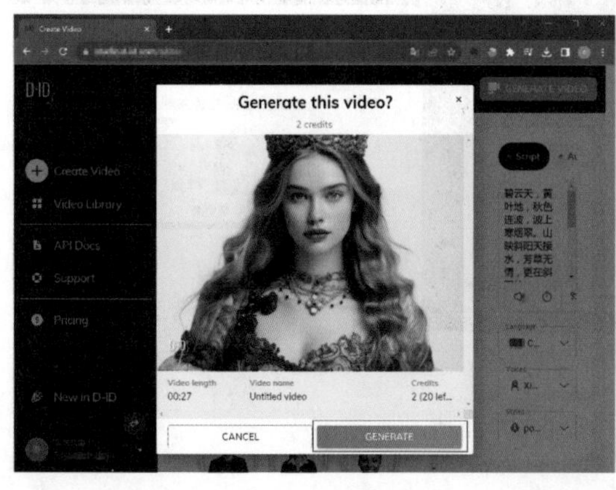

图10-8　确认生成视频

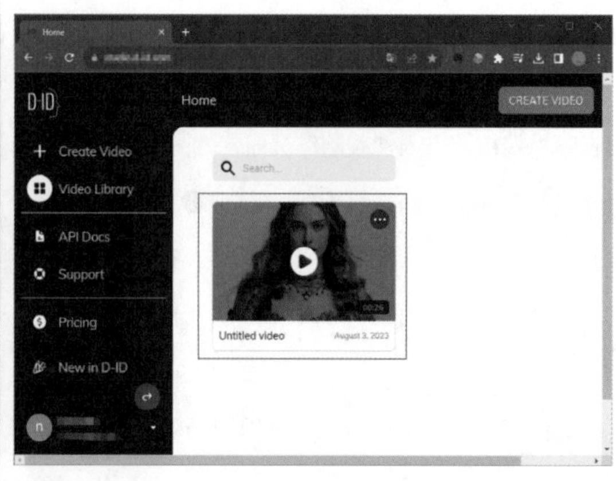

图10-9　完成视频生成

8 单击生成的视频，弹出预览窗口，在预览窗口左上方单击“Untitled video”（未命名视频），输入“诗词朗诵-《苏幕遮》”，对视频重命名，如图10-10所示。

9 重命名视频后，单击预览窗口左下方的“DOWNLOAD”（下载）按钮保存视频，如图10-11所示。至此，一个完整的数字人朗诵视频就制作完成了。

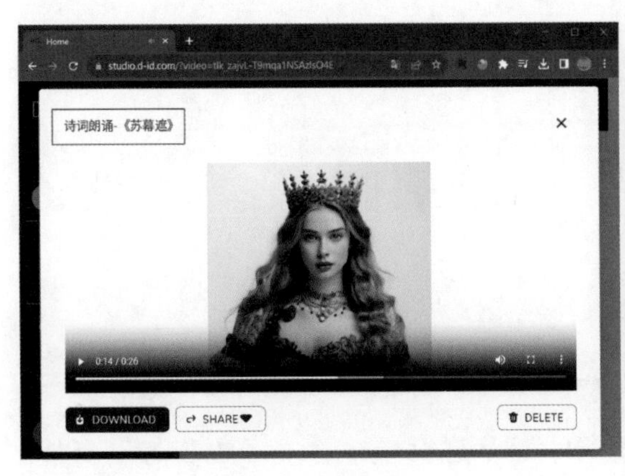

图10-10　重命名视频

图10-11　下载视频

10.2 AI便捷化视频制作

AI自动生成视频技术是一种利用人工智能技术，特别是深度学习和计算机视觉技术，将文本、图像或其他多媒体数据转换为视频的技术。它可以快速生成高质量的视频内容，大大提高了视频制作的效率和质量。下面介绍一些常用的视频制作工具。

（1）Synthesia：一款AI视频生成器，可以帮助用户在几分钟内轻松创建逼真的AI视频。它提供了多个角色头像供用户选择，用户只需选择AI演示者，输入文字脚本，即可生成AI视频。

（2）InVideo：一款功能强大的视频编辑软件，同时也是一个视频自动生成工具。它提供了5000多个可自定义模板，用户通过选择模板并输入文本，可将脚本转换为完整的AI视频。此外，InVideo还提供了50多个参考主题，用户可以根据需要创建不同类型的视频，包括广告、YouTube视频等。

（3）Lumen5：一款在线AI视频制作工具，可以根据文本内容自动选择图像、剪辑视频和为背景配乐，从而生成高质量的完整视频。

（4）Powtoon：一款创意视频制作工具，提供了丰富的动画和图形库，用户可以使用Powtoon的图形和动画元素，将文本内容转换为有趣的视频。它适用于制作演示文稿、广告、教育内容等不同类型的视频。

（5）剪映：一款视频编辑工具，带有全面的剪辑功能，支持变速，有多样滤镜、美颜效果及丰富的曲库资源。

（6）腾讯智影：腾讯开发的一款云端智能视频创作工具，包括视频剪辑、素材库、文本配音、数字人播报、字幕识别等功能，可以帮助用户更好地进行视频制作与表达。

这些视频制作工具各具特色，可以满足不同用户的需求。在本节中，我们将使用ChatGPT生成视频文案，使用Midjourney生成视频素材，然后将其上传至剪映软件，生成一个美食介绍视频。

10.2.1 使用 ChatGPT 生成视频文案

我们先以对话形式要求ChatGPT为我们写一段美食介绍文案。

提示词：

我需要制作一条美食视频发布于抖音，主要内容是介绍中国的特色小吃，请帮我写一段350字左右的视频文案。

ChatGPT回答：

标题：品尝中国特色小吃，一段美食之旅！

嗨，大家好！今天，我要带你们来一场中国特色小吃的美食之旅！快来跟我一起领略中国传统美食的魅力吧！

首先，我们来到了老北京胡同，这里有许多美味的小吃。烤鸭是北京的代表性美食，金黄酥脆的外皮，鲜嫩多汁的肉质，让人垂涎欲滴。在这里，你还可以品尝到灌汤包、豆汁、炸酱面等地道的北京小吃，让你一次过足瘾！

接下来，我们来到了上海，这座现代化的城市也有许多令人惊艳的小吃。小笼包是上海的特色小吃，薄皮多汁，鲜肉馅料，一口咬下，满口的幸福感。还有酥糖、生煎包等，都是上海人喜欢的美食。

不仅如此，中国各地的小吃多种多样。从四川的辣子鸡到广东的叉烧包，再到云南的过桥米线，每一种小吃都有着独特的风味，令人难以忘怀。

除了味蕾的享受，中国特色小吃也蕴含着深厚的文化底蕴。每一道小吃背后都有故事，承载着中国人的情感和记忆。

在这个视频里，我将带你们来一场中国的美食之旅，品尝各地的特色小吃，感受传统与现代的融合。无论你是美食爱好者，还是想要了解中国文化，都不能错过这一段美食之旅！

快来关注我的抖音账号，一起感受中国的美食魅力吧！

温馨提示

在运用ChatGPT生成文案的过程中，可多次要求ChatGPT更改或优化内容，直到满意为止。

10.2.2 使用 Midjourney 生成视频素材

前文中，我们已经运用ChatGPT写好了美食介绍文案，其中提到了北京烤鸭、灌汤包、辣子鸡等中式美食。接下来，我们将运用Midjourney生成相应的美食图像。

在Midjourney中重复执行“/imagine”指令，依次输入美食相应的英文名称，等待图像生成，然后保存至本地备用。生成的图像素材如图10-12所示。

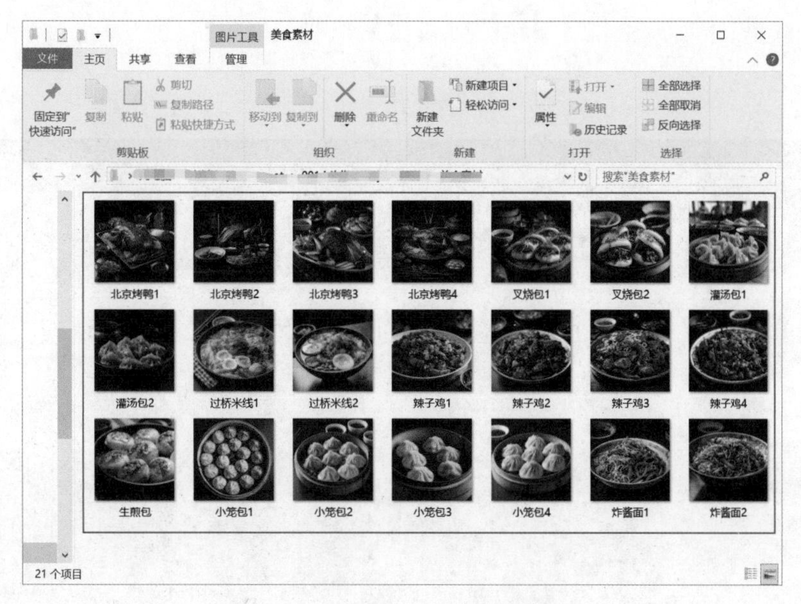

图10-12　Midjourney生成的图像素材

10.2.3　使用剪映生成视频

前文中，我们已经准备好制作美食介绍视频的文案和图像素材。接下来，我们将切换至剪映客户端进行视频生成。

温馨提示

进入剪映官网下载剪映客户端安装程序，运行后根据安装提示完成安装。此处不再介绍具体操作步骤。

1 打开剪映客户端，用抖音账号进行登录，单击首页的"图文成片"按钮，如图10-13所示。

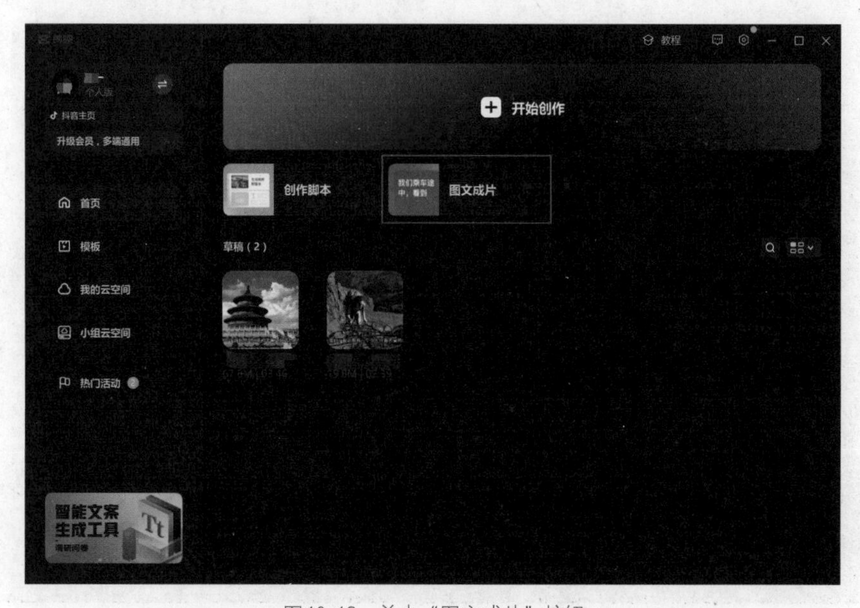

图10-13　单击"图文成片"按钮

2 进入文案输入界面，输入已准备好的美食介绍文案，选择合适的“朗读音色”，单击“生成视频”按钮，如图 10-14 所示。

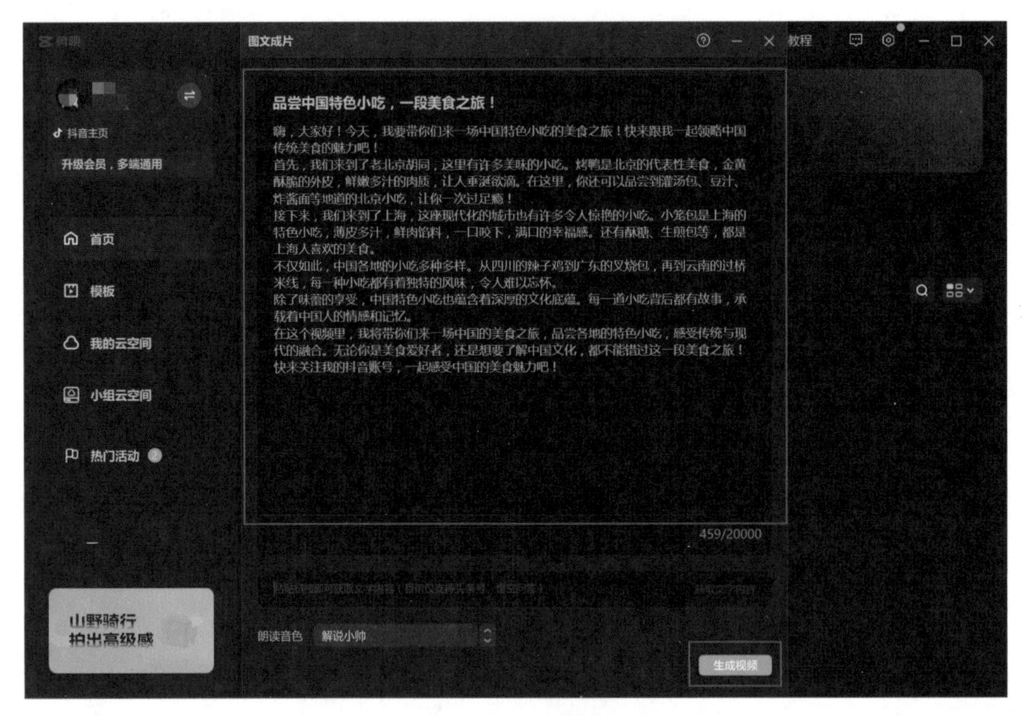

图10-14 输入文案

3 完成视频生成后，跳转到视频编辑界面，单击 导入 按钮，导入Midjourney生成的图像素材，如图 10-15 所示。

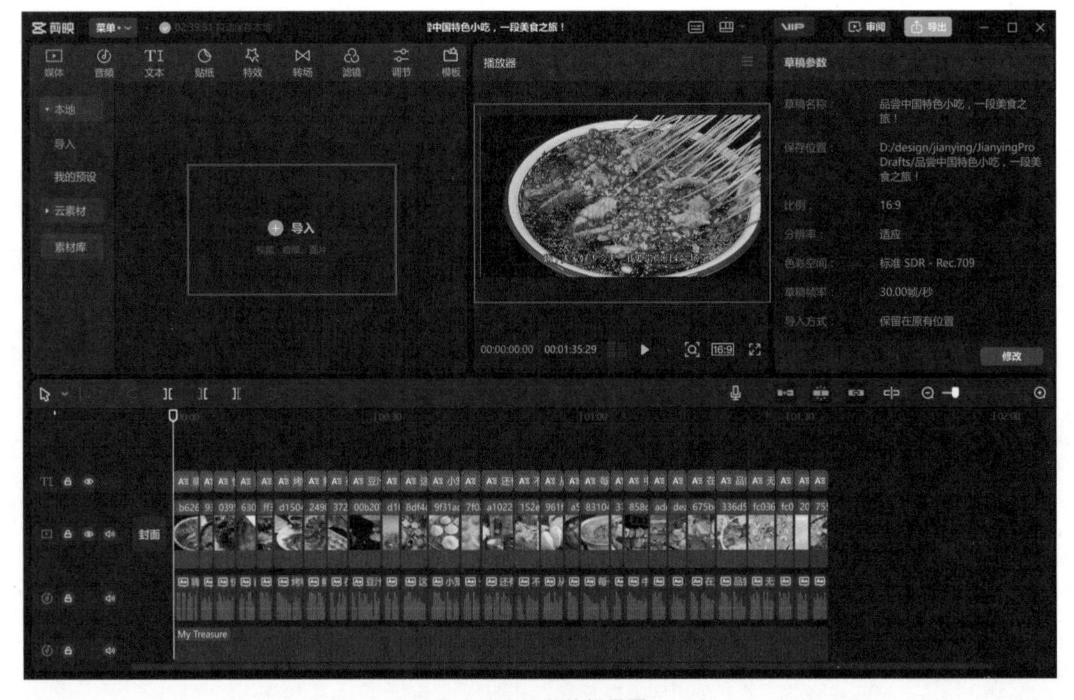

图10-15 视频编辑界面

4 将Midjourney生成的图像素材导入剪映客户端后，单击▶按钮，进行视频或图像的播放及预览，如图10-16所示。

图10-16　预览视频

5 在预览过程中，右击需要替换图像的视频片段，在弹出的选项栏中选择“替换片段”选项，在弹出的对话框中选中Midjourney生成的图像素材，单击“打开”按钮导入图像，如图10-17所示。

图10-17　替换视频素材

6 图像导入后，弹出“替换”对话框，单击“替换片段”按钮，完成图像素材替换，如图10-18所示。

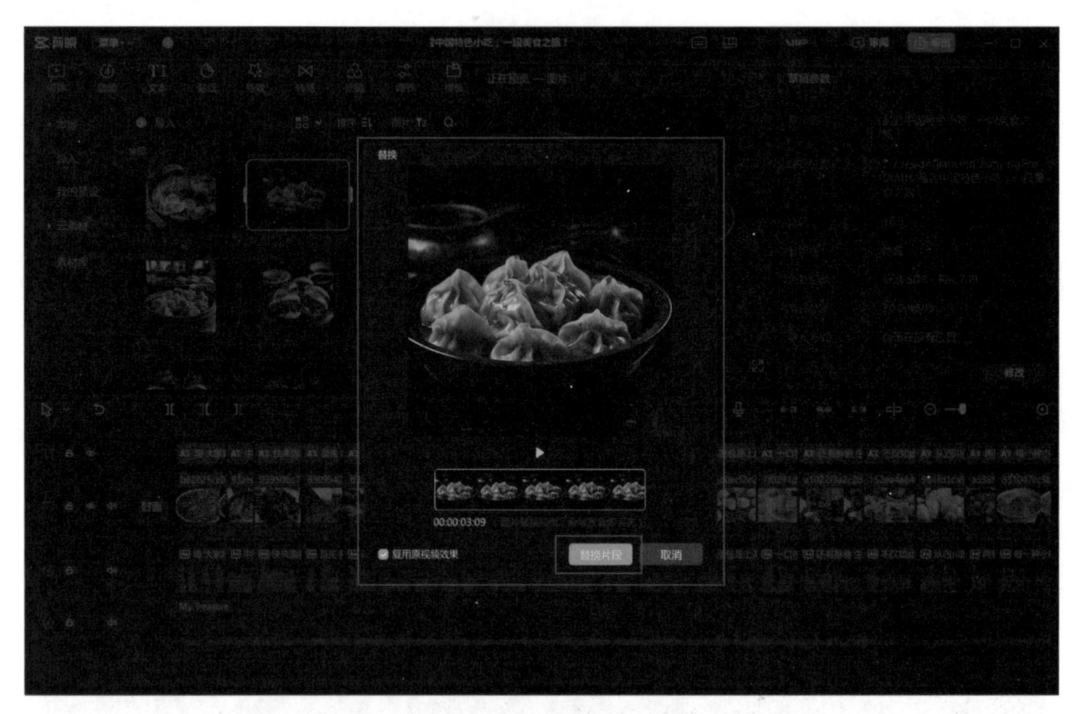

图10-18　替换片段

7 重复上述步骤，替换图像素材完成后，再次预览视频，直到获得满意的效果为止。接着，单击右上角“导出”按钮，在弹出的对话框中单击“导出”按钮，进行完整视频的导出，如图10-19所示。

图10-19　导出视频

10.3 AI矢量图转换

矢量图是一种计算机图形学中的图像表示形式，它使用几何形状（如点、线、曲线和多边形）来创建视觉图像。矢量图具有许多优点，最显著的是放大后不会失真，它广泛应用于高精度几何图形处理的领域，如设计、工程和建模等。

在本节中，我们将运用Midjourney生成UI界面的位图素材，再通过Vectorizer.AI网站对其进行矢量化格式转换。

10.3.1 使用 Midjourney 生成位图素材

用Midjourney生成具有科幻感的未来主义聊天软件概念UI界面。

登录Midjourney服务器，使用“/imagine”指令并输入提示词“Futuristic and sci-fi inspired UI design for a chat application, featuring a flat and minimalist interface”（未来主义科幻感，UI设计，聊天应用程序，扁平化和极简主义界面），生成软件界面位图，如图10-20所示。

图10-20 软件界面位图

10.3.2 使用 Vectorizer.AI 进行矢量化转换

Vectorizer.AI是一款由AI驱动的在线图片转换器，可以将JPEG和PNG格式的位图转换为SVG格式的矢量图。前文中，我们已经得到了软件界面的位图，接下来将演示如何使用Vectorizer.AI对其进行矢量化转换。

1 进入Vectorizer.AI官网，单击首页中部的“DRAG IMAGE HERE TO BEGIN”（将图片拖至此处开始），如图10-21所示。

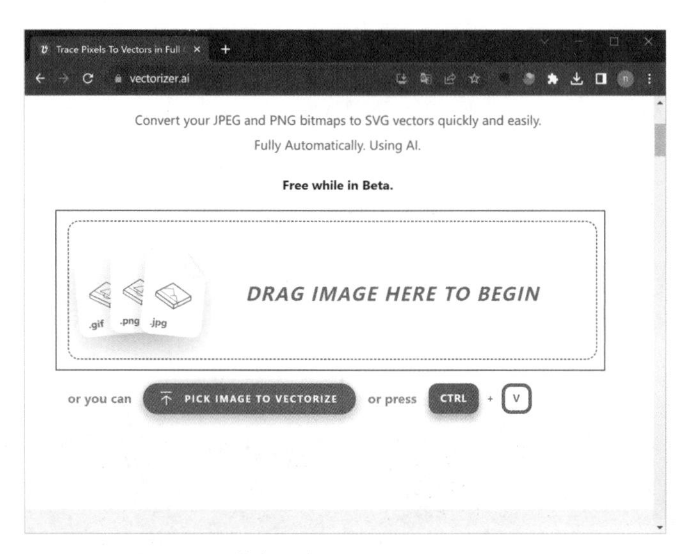

图10-21　单击“DRAG IMAGE HERE TO BEGIN”

温馨提示

此处也可以直接将位图文件拖至方框中。

2 在弹出的“打开”对话框中选中前文Midjourney生成的位图素材，单击“打开”按钮上传，如图10-22所示。

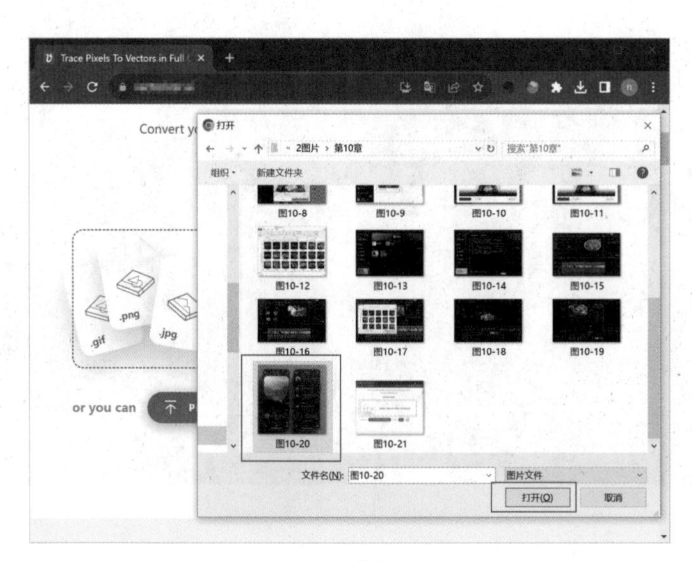

图10-22　选择位图文件

3 位图素材上传成功后，自动跳转至对比预览页面，单击页面上方的按钮，如图10-23所示。

图10-23　对比预览页面

4 进入文件参数设置页面，选中“Adobe Compatibility Mode”（Adobe兼容模式），其余选项保持默认，单击“DOWNLOAD”（下载）按钮下载文件，如图10-24所示，完成矢量图转换。在Illustrator软件中可编辑下载的文件，如图10-25所示。

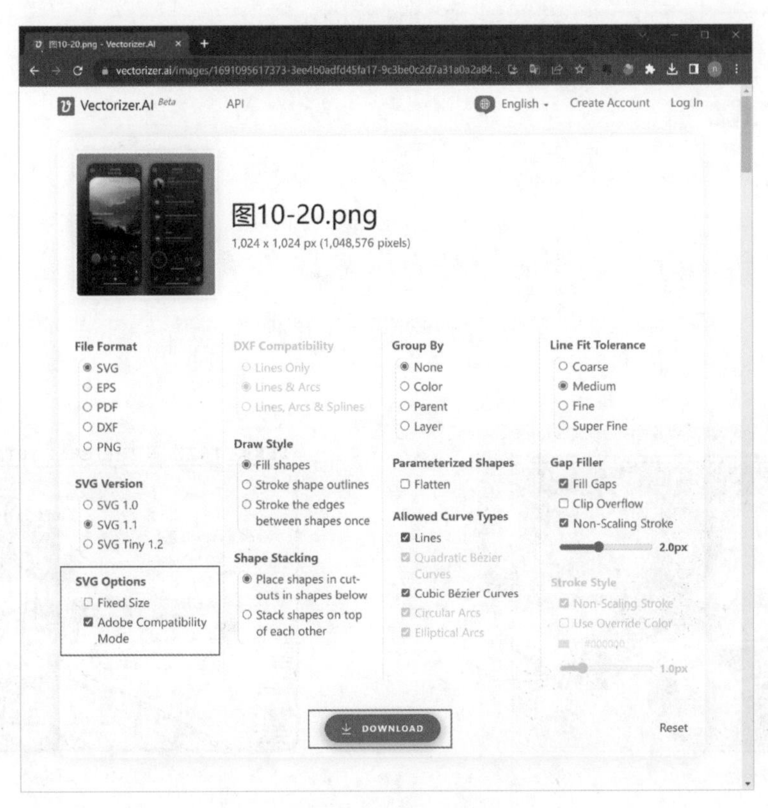

图10-24　下载矢量图

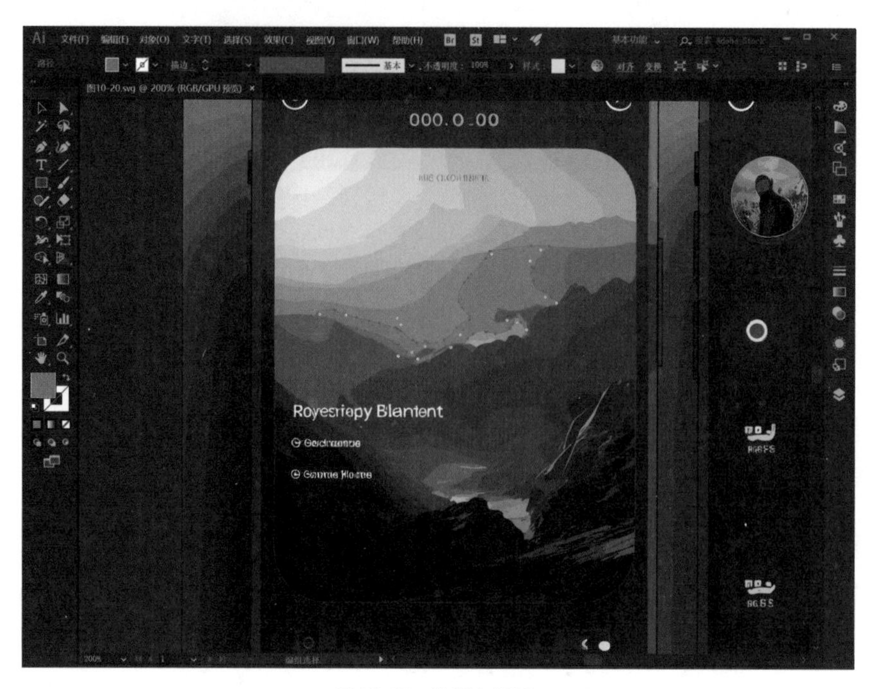

图10-25 编辑矢量图

10.4 创意图生成

下面我们将运用Midjourney尝试生成各种有趣的创意图。

10.4.1 老式邮票

生成老式邮票图像的方法如下。

1 输入提示词"Vintage stamp featuring a soaring eagle in the sky above vast cliffs"（老式邮票，鹰在空中盘旋，背景是广阔的悬崖），生成的图像如图10-26所示。

2 输入提示词"Vintage monochromatic stamp depicting a seaside resort"（老式单色邮票，海滨度假村），生成的图像如图10-27所示。

图10-26 老式邮票：鹰

图10-27 老式邮票：海滨度假村

10.4.2 分层纸手工

图10-28 分层纸手工：山中小屋

生成分层纸手工图像的方法如下。

1 输入提示词“Layered paper handcraft, a cottage in the mountains”（分层纸手工，山中小屋），生成的图像如图10-28所示。

图10-29 分层纸手工：钓鱼的老者

2 输入提示词“Layered paper handcraft, an elderly man fishing”（分层纸手工，钓鱼的老者），生成的图像如图10-29所示。

10.4.3 动物贴纸

生成动物贴纸图像的方法如下。

1 输入提示词“Animal sticker, cartoon rabbit with sunglasses”（动物贴纸，戴墨镜的卡通兔子），生成的图像如图10-30所示。

图10-30 动物贴纸：卡通兔子

2 输入提示词“Animal sticker, cat wearing a vest, standing and dancing”（动物贴纸，穿马甲站立跳舞的猫），生成的图像如图10-31所示。

图10-31 动物贴纸：猫

10.4.4　T恤印花

生成T恤印花图像的方法如下。

输入提示词“T-shirt print, hot stamping, Q-version of the pyramid”（T恤印花，烫金印花，Q版金字塔），生成的图像如图10-32和图10-33所示。

图10-32　T恤印花：金字塔元素1

图10-33　T恤印花：金字塔元素2

10.4.5 沙盒元素

图10-34 沙盒元素：乌托邦

生成沙盒元素图像的方法如下。

1 输入提示词“Sandbox elements, Utopia”（沙盒元素，乌托邦），生成的图像如图10-34所示。

图10-35 沙盒元素：《我的世界》游戏

2 输入提示词“Sandbox elements, Shangri-La, Minecraft”（沙盒元素，香格里拉，《我的世界》游戏），生成的图像如图10-35所示。

10.4.6 等距视图

图10-36　等距视图：奶茶店

生成等距视图图像的方法如下。

1 输入提示词“Isometric view, a small game scene, a Hong Kong style milk tea shop”（等距视图，小游戏场景，港式奶茶店），生成的图像如图10-36所示。

图10-37　等距视图：公寓

2 输入提示词“Isometric view, a small game scene, a futuristic multi-layered apartment building”（等距视图，小游戏场景，未来感多层公寓），生成的图像如图10-37所示。

10.4.7 中式纹样

生成中式纹样图像的方法如下。

1 输入提示词“Chinese pattern, bat motif”（中式纹样，蝠纹），生成的图像如图10-38所示。

2 输入提示词“Chinese pattern, peony motif”（中式纹样，牡丹图案），生成的图像如图10-39所示。

图10-38　中式纹样：蝠纹

图10-39　中式纹样：牡丹图案

10.4.8 墙纸素材

生成墙纸素材图像的方法如下。

1 输入提示词“Chinese wallpaper pattern”（中式墙纸纹样），生成的图像如图10-40所示。

2 输入提示词“Indian wallpaper pattern”（印度墙纸纹样），生成的图像如图10-41所示。

图10-40　墙纸素材：中式纹样

图10-41　墙纸素材：印度纹样

10.4.9 App 图标

生成App图标的方法如下。

1 输入提示词“A square App icon design for a fitness application, using a green color scheme and a flat visual style”（正方形App图标设计，健身应用程序，绿色系，扁平视觉风格），生成的图像如图10-42所示。

2 输入提示词“A circular App icon design for a recipe sharing software, using a warm color scheme and a flat visual style”（圆形App图标设计，食谱分享软件，暖色系，扁平视觉风格），生成的图像如图10-43所示。

图10-42　App图标：健身应用程序

图10-43　App图标：食谱分享软件

10.4.10 肌理

生成肌理图像的方法如下。

1 输入提示词“Texture, sand dunes”（肌理，沙丘），生成的图像如图10-44所示。

2 输入提示词“Texture, concretes”（肌理，混凝土），生成的图像如图10-45所示。

图10-44　肌理：沙丘

图10-45　肌理：混凝土

10.4.11 星空

图10-46 星空：暖色调

生成星空图像的方法如下。

1 输入提示词“Starry sky, deep and grand, warm tones”（星空，深邃且恢宏，暖色调），生成的图像如图 10-46 所示。

图10-47 星空：冷色调

2 输入提示词“Starry sky, deep and majestic, cool tones”（星空，深邃且壮丽，冷色调），生成的图像如图 10-47 所示。

10.4.12 羊毛毡玩具

图10-48　羊毛毡玩具：小狐狸

生成羊毛毡玩具图像的方法如下。

1 输入提示词“Wool felt white fox with a pink hat, surrounded by plants”（羊毛毡白色小狐狸，戴着一顶粉色的帽子，周围环绕着植物），生成的图像如图10-48所示。

图10-49　羊毛毡玩具：小熊猫

2 输入提示词“Wool felt cute red panda with a red scarf, surrounded by plants in the background”（羊毛毡可爱小熊猫，围着红色围巾，背景是周围环绕着植物），生成的图像如图10-49所示。

10.4.13 编织杯垫

生成编织杯垫图像的方法如下。

1 输入提示词“Knitted coaster”（编织杯垫），生成的图像如图 10-50 所示。

图 10-50 编织杯垫

2 输入提示词“Forest-themed knitted coaster, top view”（森系编织杯垫，顶视图），生成的图像如图 10-51 所示。

图 10-51 森系编织杯垫

10.4.14　手机壳设计

图10-52　手机壳设计：敦煌风

生成手机壳设计图像的方法如下。

1 输入提示词“Mobile phone case design, Dunhuang style”（手机壳设计，敦煌风），生成的图像如图10-52所示。

图10-53　手机壳设计：皮革

2 输入提示词“Mobile phone case design, black leather”（手机壳设计，黑色皮革），生成的图像如图10-53所示。

10.4.15 融合物种

生成融合物种图像的方法如下。

输入提示词"Hybrid species"（融合物种），生成的图像如图10-54和图10-55所示。

图10-54 融合物种1

图10-55 融合物种2

10.4.16　雕塑

生成雕塑图像的方法如下。

输入提示词“An abstract sculpture in the shape of a weathered steel flame, colored in red”（耐候钢火焰形状的抽象雕塑，以红色为主色调），生成的图像如图10-56和图10-57所示。

图10-56　抽象雕塑1

图10-57　抽象雕塑2

本章小结

在本章中，我们探索了Midjourney的创意应用。通过使用AI的强大功能，我们实现了数字人视频生成、AI便捷化视频制作和AI矢量图转换等多种创意应用，通过对此类工具的综合运用，极大地便利了设计者的创作表达。同时，我们也介绍了许多有趣的创意图生成方法，包括老式邮票、分层纸手工、动物贴纸、T恤印花、沙盒元素、等距视图、中式纹样、墙纸素材等，以帮助读者打开思路，更愉悦地开启AI创作探索之旅。

下一章我们将探索Midjourney社区的氛围与讨论交流功能，让读者能更好地融入Midjourney社区，体验Midjourney的创作之旅。

第11章 Midjourney社区的氛围与讨论交流

11 CHAPTER

本章导读

本章我们将介绍Midjourney社区的关键组成部分，详细阐述它们的功能和特点。

在11.1节中，我们将讲解构建社区氛围的不同板块，其中包括官方公告区、官方规则区、官方活动区和会员支持区。这些板块的设置为Midjourney社区提供了有序和积极的社区环境，引导社区成员有条不紊地参与社区事务。通过官方公告区，社区能够及时传达重要信息；官方规则区确保社区内的秩序与和谐；官方活动区为社区成员提供了互动和娱乐的场所；会员支持区为社区成员提供了寻求帮助和建议的渠道。

在11.2节中，我们将介绍Midjourney社区讨论交流的主要板块，其中包括新手生图区、综合生图区、作品展示区、提示词讨论区及语音交流区。这些板块是用户进行AI绘画创作的核心区域，是社区成员交流学习、共同进步的重要平台。在新手生图区，刚刚入门的用户可以互相交流经验和技巧；综合生图区提供了更多的创作主题和讨论内容；作品展示区是展示用户作品、获得反馈的地方；提示词讨论区可以启发用户的创作灵感；语音交流区提供了实时的语音交流体验，使社区成员能够通过语音通话进行私人或群组的互动，并实现屏幕共享等功能。

这些板块共同构成了Midjourney社区的核心，为社区成员提供了多样的交流和学习机会，促进了社区成员的互动和分享。通过这些板块，用户可以在一个积极、有创造性的环境中成长，并推动Midjourney社区的发展壮大。

11.1 Midjourney社区氛围

社区是指聚集在 Discord 平台上，拥有相同兴趣、目标或话题的群体。而Midjourney社区是一个独特又充满活力的社区，用户可以通过邀请链接加入Midjourney社区。Midjourney社区为用户提供了一个充满活力和创造力的交流环境。下面我们来详细了解Midjourney社区的一些功能板块。

11.1.1 官方公告区

在Midjourney社区中，可以看到官方公告区位于频道清单的INFO频道，其中有announcements频道和status频道等。announcements频道会显示官方通知，单击选中后，我们可以看到主视口发布了一些通知，如图11-1所示。

图11-1　announcements频道的官方通知

status频道会显示官方状态信息，单击选中后，我们可以看到主视口发布了一些状态信息，如图11-2所示。官方公告区的信息可以帮助我们获取官方的最新通知及动态。

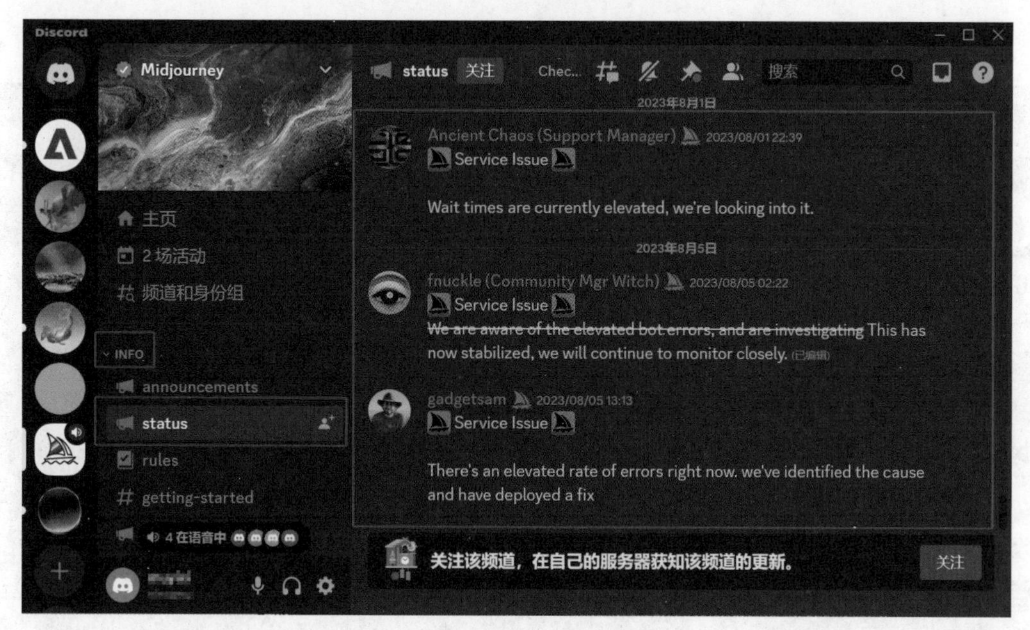

图11-2 status频道的官方状态信息

11.1.2 官方规则区

官方使用规则在Midjourney社区的INFO频道下的rules频道中。当单击进入该频道后，主视口展示了高级指导原则，并提供了服务条款、隐私政策和社区指导的链接地址。通过访问这些链接，可以获取更详细的使用规则。这种方式可以确保社区成员方便地了解和查阅社区的使用规则，如图11-3所示。

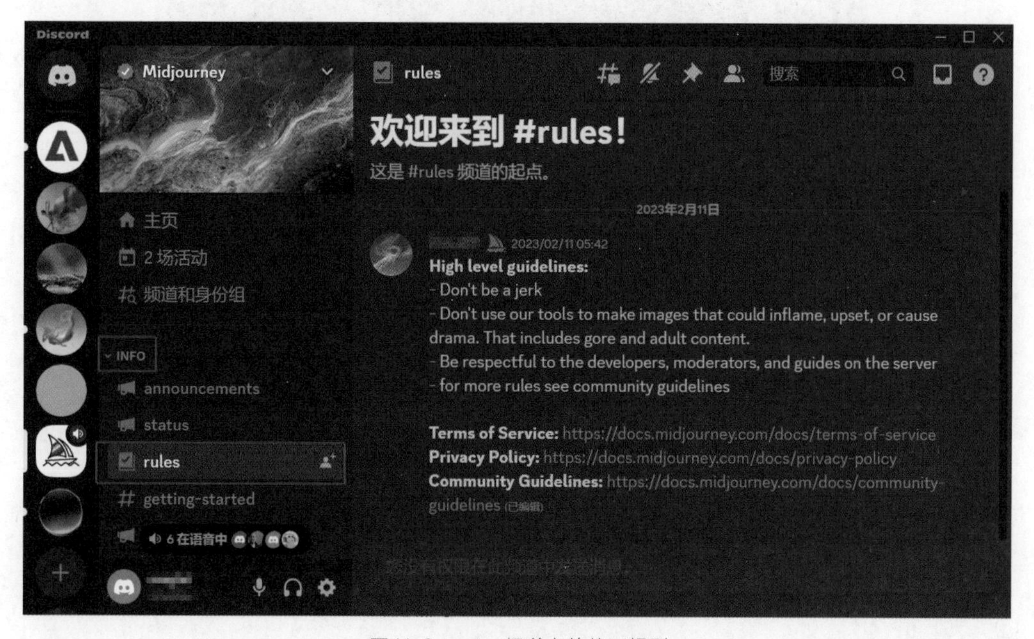

图11-3 rules频道中的使用规则

11.1.3 官方活动区

官方活动区位于频道清单上方，用于发布最新的活动信息，社区成员可以了解活动内容及参加活动，如图11-4所示。

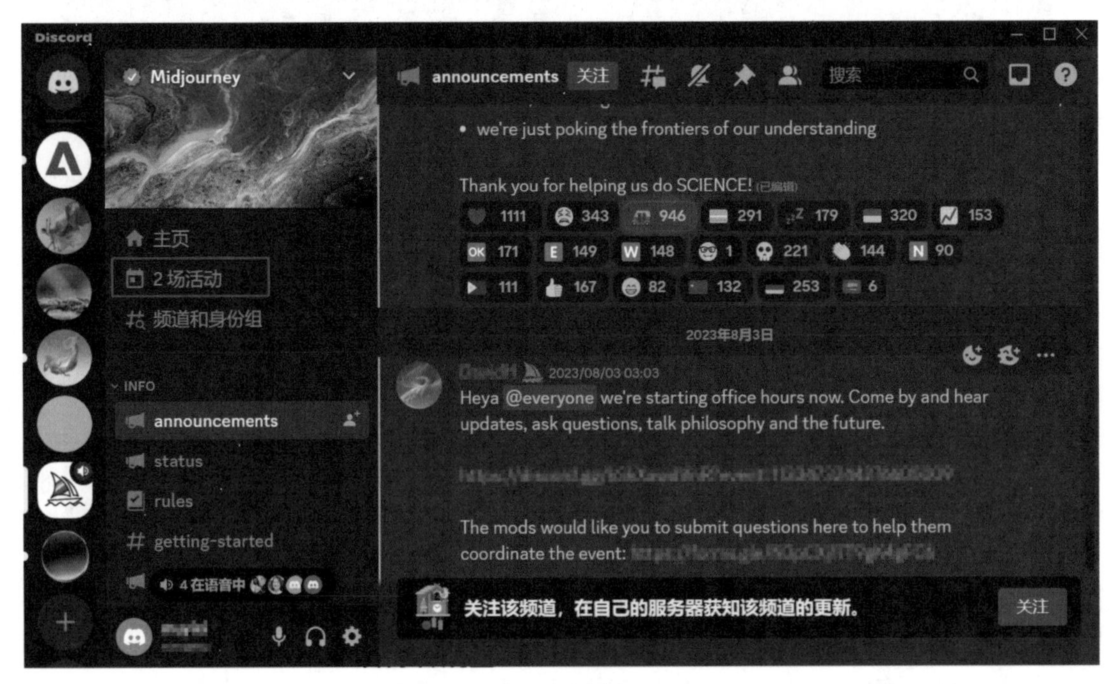

图11-4　活动区

单击频道清单中的“2场活动”后，会弹出详细活动列表，如图11-5所示。

图11-5　活动列表

单击其中一个活动，会显示更多活动详情，社区成员可以进行“分享”“感兴趣”“更多”等操作，如图11-6所示。

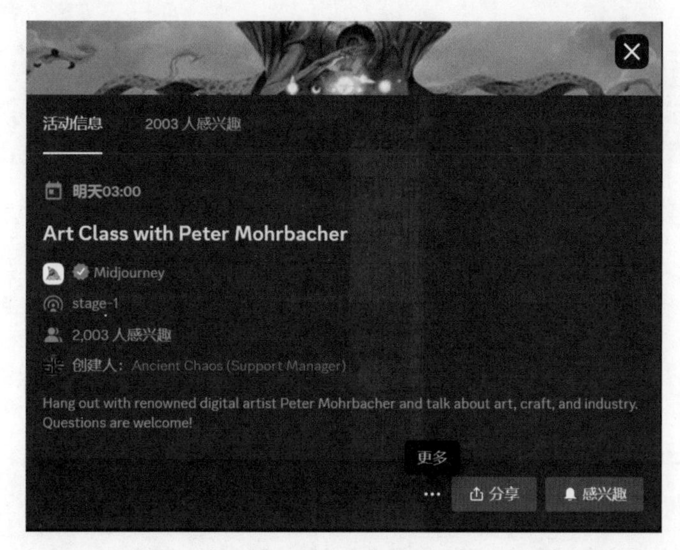

图11-6　活动详情

11.1.4　会员支持区

会员支持区位于频道清单的SUPPORT频道下面的member-support频道，单击即可进入该频道。进入后，在主视口输入框中输入问题，则会由会员支持团队为会员提供支持和帮助。这个频道由志愿者和乐于助人的社区成员管理和运营，他们可以帮助成员解决一些常见的问题，如图11-7所示。

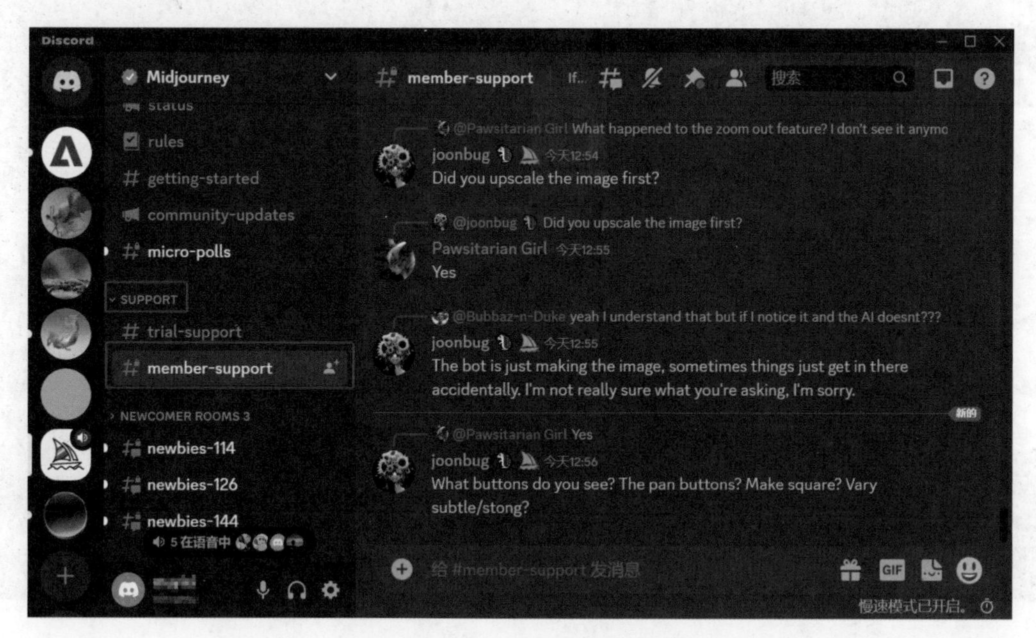

图11-7　member-support会员支持区

> **温馨提示**
>
> Midjourney的“/ask”和“/faqs”指令也可以支持答疑。
>
> “/ask”指令支持提问，Midjourney Bot回答。
>
> “/faqs”指令支持查询一些常见问题及答案。

11.2 Midjourney社区讨论交流

Midjourney社区为成员提供了一个交流和分享的平台，让社区成员可以学习如何使用这个AI工具，分享经验和创作，这个社区也非常重视维持积极友好的环境，因此在讨论交流中需要遵循一些规定。讨论交流在Midjourney社区中扮演着非常重要的角色，可以说正是这种开放交流和合作的氛围，为如今的Midjourney的发展贡献了巨大的力量，成就了现在的Midjourney。下面让我们来了解社区成员常用的互动交流板块。

11.2.1 新手生图区

Midjourney社区的新手生图区位于频道清单的NEWCOMER ROOMS频道。在这个频道下面有多个名为newbies-××的频道，新手成员可以根据自己的喜好和需求，在这些newbies-××频道中任意选择一个，如选择newbies-114频道，如图11-8所示。在这些频道中，初学者可以通过发送简单的文本提示来生成图像，并使用Midjourney Bot的功能。这一过程可以帮助初学者逐步熟悉并了解Midjourney的操作方式，以及如何通过文本提示来创建自定义的图像作品。新手生图区提供了一个友好的环境，让新手能够轻松地开始创作，无须担心复杂的操作。

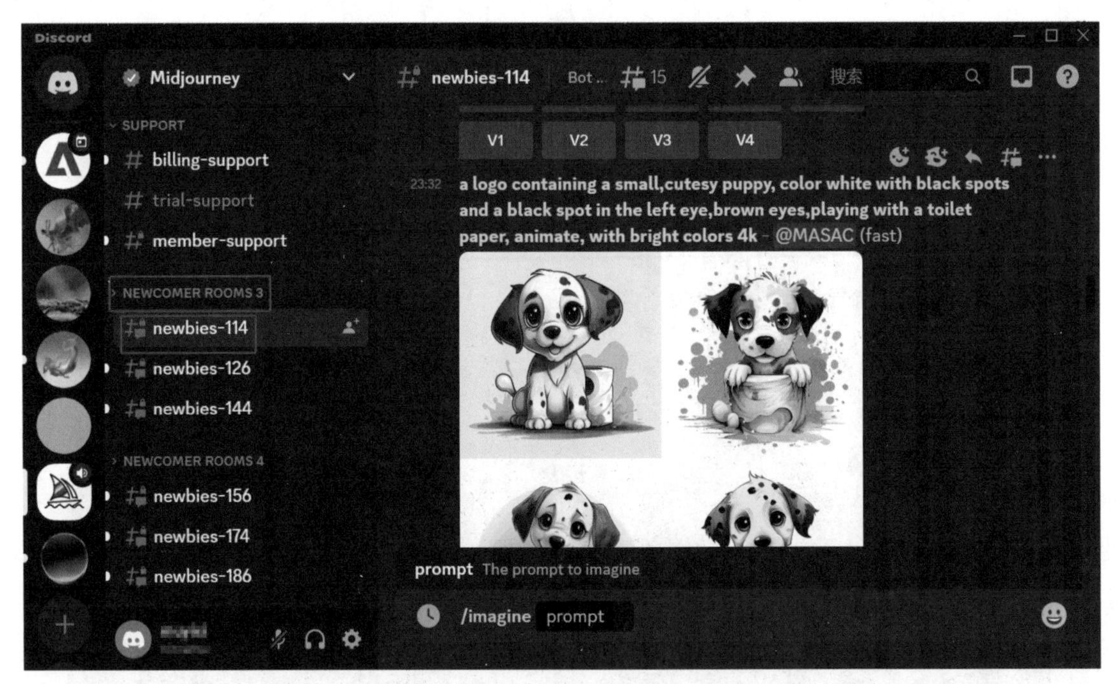

图11-8 新手生图区

11.2.2 综合生图区

Midjourney社区的综合生图区位于频道清单的GENERAL IMAGE GEN频道，这个频道下面有多个名为general-××的频道。综合生图区主要面向那些已经熟悉Midjourney操作方法和功能，且具有一定使用经验的成员。在这里，成员可以交流有关图像生成的高级技巧、创作流程、工作流等内容。综合生图区为用户提供了一个讨论技术和创作的平台，适合那些注重技术和创作，以及想要进一步提升图像生成技能的成员使用。这个区域鼓励成员分享自己创作的图像，以及探讨如何使用Midjourney Bot创作出更高质量的图像作品，如图11-9所示。

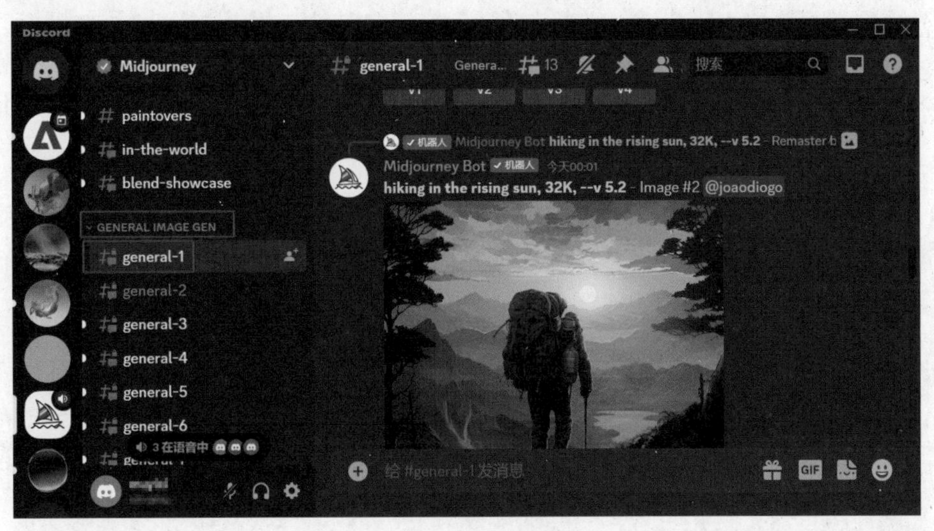

图11-9　综合生图区

11.2.3　作品展示区

Midjourney社区的作品展示区位于频道清单的SHOWCASE频道，其中包括以下频道。

（1）paintovers频道：这个频道展示了用户在Midjourney生成的图片上进行后期处理的作品，比如添加细节、调整色彩、增加氛围等，如图11-10所示。

图11-10　paintovers频道

（2）in-the-world频道：这个频道展示了用户将Midjourney生成的图片与现实世界的图片进行融合的作品，比如将Midjourney生成的人物与现实风景融合，如图11-11所示。

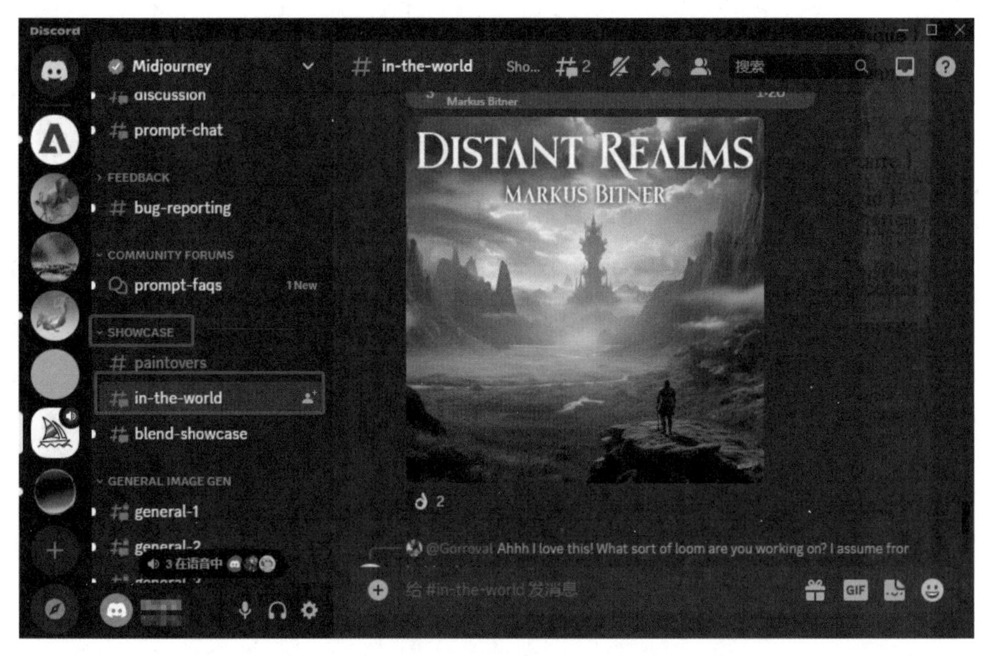

图11-11　in-the-world频道

（3）blend-showcase频道：这个频道展示了用户使用Midjourney的blend功能，将不同的图片进行混合和变形的作品，比如将两种动物或两种风格的图片进行结合，如图11-12所示。

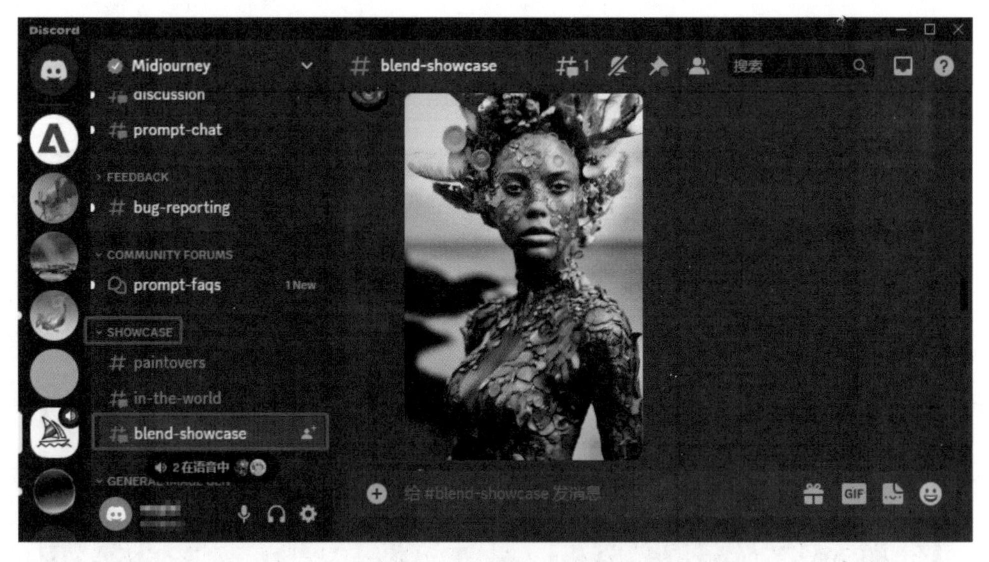

图11-12　blend-showcase频道

温馨提示

Midjourney社区的SHOWCASE频道和Midjourney在线画廊的异同点如下。

相同点：都是用来展示和欣赏Midjourney生图的地方，都可以看到用户的创作主题、描述、图片和反馈等。

不同点：SHOWCASE频道是一个Discord频道，画廊是一个网页；SHOWCASE频道只能看到最近的图片，画廊可以看到所有的图片；SHOWCASE频道可以实时和其他用户交流和评论，画廊只能点赞和收藏。

11.2.4　提示词讨论区

Midjourney社区的提示词讨论区位于CHAT频道下面的prompt-chat频道，是一个交流和分享关于使用Midjourney chat prompts文本提示的专门频道，如图11-13所示。使用prompt-chat频道，用户可以分享各种文本提示，以探索Midjourney的创意潜力；讨论关于文本提示的结构和效果等，从而获得更好的图像；与其他用户分享创意、经验和技巧，以便共同探索和优化图像生成过程。通过分享文本提示功能，用户不仅可以从其他人的经验中学习，并获得新的创意灵感，而且能够参与到一个积极、有创造性的社区中。

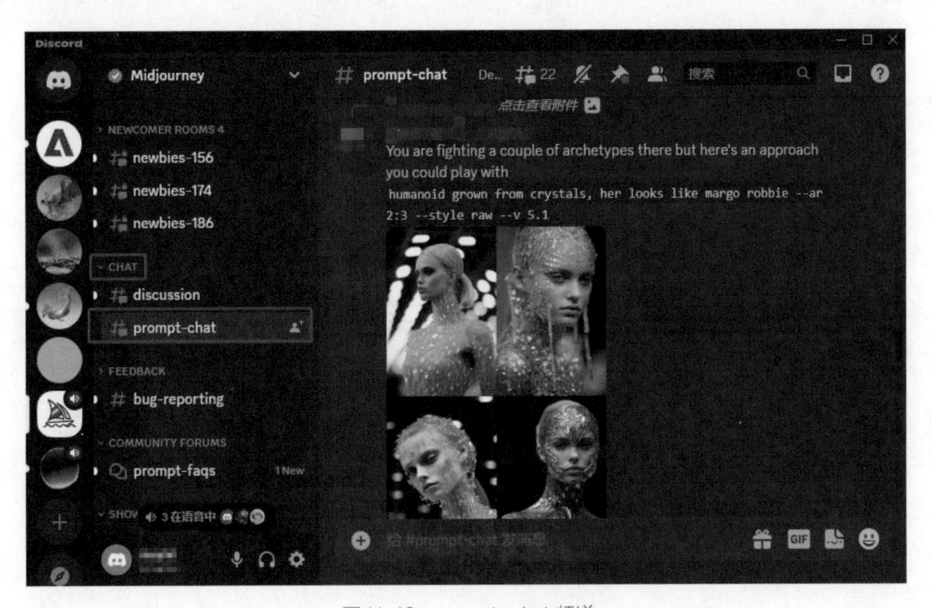

图11-13　prompt-chat频道

11.2.5　语音交流区

Midjourney社区的语音交流区位于VOICE CHANNELS频道，下面有许多子频道，用户可以根据自己的需要选择加入，如图11-14所示。这些语音频道允许用户通过启用麦克风、耳机进行语音通话。在服务器内的语音频道中，用户可以进行私人或群组的语音聊天，还可以使用屏幕共享功能，从而获得更加直观和实时的交流体验。

此外，Midjourney社区还设置了一个特殊的语音频道，即stage-1频道。这个频道被用来举办office hour（办公时间）活动。office hour是Midjourney执行官David每周一次的线上语音问答活动。在这个频道中，David会回答用户的问题，分享有关AI绘图的发展和未来计划的信息，这为用户提供了与Midjourney团队互动的机会。通常，这个活动会在每周三的美国东部时间下午2点到6点举行。

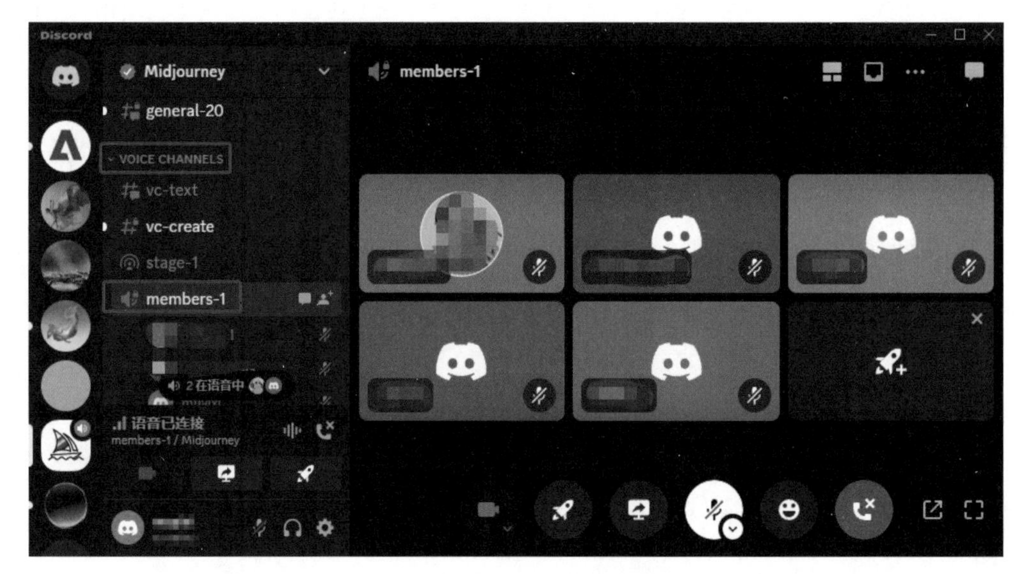

图11-14　VOICE CHANNELS频道

本章小结

在本章中，我们讲解了Midjourney社区的关键组成部分，介绍了它们的功能和特点。我们重点关注了建立社区氛围的不同板块，如官方公告区、官方规则区、官方活动区和会员支持区。这些板块的设置有助于维持社区的秩序和活力，确保社区成员有序参与社区事务。同时，我们探讨了Midjourney社区讨论交流的主要板块，包括新手生图区、综合生图区、作品展示区、提示词讨论区及语音交流区。这些板块是用户创作AI绘画的核心领域，社区成员可以在这里互相交流、学习和提高技能，共同推动社区的进步和发展。通过这些板块，我们能够在一个积极、富有创造力的环境中共同成长，共享创作乐趣，并为Midjourney社区的繁荣发展贡献一份力量。

附录 1 Midjourney 常用指令速查表

序号	指令	功能解释
Midjourney服务器指令		
1	/imagine	通过提示词生成图片，是Midjourney最基础、应用最多的指令
2	/fast	切换至快速模式。快速模式通过扣减会员GPU时间快速生图，每张图片需要扣减10分钟以下的GPU时间，高峰期生图速度明显优于放松模式
3	/relax	切换至放松模式。放松模式使用公共通道生图。对于生图需求量大的用户来说，平峰期是不错的选择，可以节约大量GPU时间，高峰期出图较慢
4	/turbo	切换至涡轮模式。涡轮模式是相较于快速模式更快的通道，生图速度是快速模式的4倍，GPU消耗时间是快速模式的2倍
5	/info	查询用户账户信息，包括剩余GPU时间和正在运行的工作等
6	/subscribe	为用户生成订阅链接，单击进入后可以选择不同的会员订阅内容
7	/ask	向Midjourney Bot提问并获取答案
8	/help	显示关于Midjourney Bot的基本帮助信息和提示
9	/settings	访问并调整Midjourney Bot的默认参数设置
10	/stealth	高级订阅用户的专属隐私模式，生成图片不会出现在公共频道
11	/private	切换为隐私模式
12	/public	切换至公共模式，生成图片会出现在公共频道，非高级订阅用户默认只可使用公共模式
13	/describe	基于用户上传的图片，由Midjourney Bot写出4条提示词示例
14	/blend	简单地将两张图片进行混合后，生成一张新图
15	/docs	在Midjourney服务器官方公共频道中使用，可快速生成用户指南链接
16	/faq	在Midjourney服务器官方公共频道中使用，可快速生成提示词手册相关板块的查询链接
17	/prefer option	创建或管理用户选项
18	/prefer option set	创建或管理用户选项
19	/prefer option list	查看正在使用的用户自定义选项
20	/prefer variability	用于切换变换模型的阈值，有高低变换两种模式
21	/prefer suffix	在每组提示词末尾添加指定的参数后缀
22	/prefer remix	打开或关闭重混模式

续表

序号	指令	功能解释
23	/remix	打开或关闭重混模式
24	/show	用图片的工作ID在当前频道重新显示相同的图片
25	/invite	生成当前Midjourney服务器的邀请链接
26	/shorten	让Midjourney Bot分析并拆解提供给它的提示词
Discord平台内置指令		
1	/giphy	网络搜索GIF图片
2	/tenor	网络搜索GIF图片
3	/tts	使用文字转换语音功能给当前正在浏览此频道的成员朗读信息
4	/me	突出显示该文字

附录 2 Midjourney 参数速查表

序号	参数名称	书写格式	功能解释
Midjourney常规参数清单			
1	Aspect Ratios	--aspect --ar	改变生成图片的宽高比。可取常规比例，如--ar 16:9、--ar 4:3
2	Chaos	--chaos <0–100>	改变生成图片结果的多样性。数值越小，生成的结果在风格、构图上越相似；数值越大，生成的结果在风格、构图上的差异越大。建议取值：0~100，如--chaos 65
3	Fast	--fast	覆盖当前模式，使用快速模式生图
4	Relax	--relax	覆盖当前模式，使用放松模式生图
5	Turbo	--turbo	覆盖当前模式，使用涡轮模式生图
6	Image Weight	--iw <0–2>	设置图像提示词相对于文本提示词的权重，默认取值为“.25”，建议取值：0~2
7	No	--no	排除参数后的提示词内容，如--no plants，生成图片则排除植物元素
8	Quality	--quality <.25, .5, or 1> --q <.25, .5, or 1>	改变图片渲染花费的时间，进而改变图片质量。值越大，使用的GPU分钟数越多；值越小，使用的越少。建议取值：.25、.5、.1，如--q .25
9	Repeat	--repeat <1–40> --r <1–40>	通过单个提示创建多个作业，对于快速多次重复运行一个作业很有用，取值数代表重复作业的次数，建议取值：1~40，如--r 25
10	Stop	--stop <integer between 10–100>	在图片生成中途停止作业，以较小的数值停止作业可能会产生模糊、不详细的结果。建议取值：10~100的整数，如--stop 60
11	Style	--style <raw> --style <4a, 4b, or 4c> --style <cute, expressive, original, or scenic>	切换模型的生成风格
12	Stylize	--stylize <number> --s <number>	影响默认美学风格在作业中的应用程度。数值越小，越符合提供给Midjourney的提示词；数值越大，AI自由发挥的空间越大。建议取值：0~1000，如--s 950

续表

序号	参数名称	书写格式	功能解释
13	Tile	--tile	通过重复平铺来创建无缝衔接的图案，直接作为后缀使用
14	Video	--video	创建正在生成的初始图像的生图动态短片，添加参数后缀后，使用“envelope”（信封）表情符号对已完成的图像做出反应，Midjourney Bot会将视频链接发送至私信
15	Weird	--weird <number 0–3000>	一个实验性参数，用来探索不寻常的美学，建议取值：0~3000
Midjourney模型参数清单			
1	Niji	--niji 4	动漫模型后缀参数，添加在提示词后生成动漫图片。4和5分别代表不同的动漫模型版本，对提示词的解析略有区别
2		--niji 5	
3	Version	--version <1-5>	Midjourney过往模型版本，每个版本都有其不同的默认风格
4		--v <1-5>	
5		--version 5.1	Midjourney模型5.1版本，于2023年5月发布，比过往版本更具默认风格特征，并且更容易理解人类自然语言，使提示词编写更简单易行
6		--v 5.1	
7		--version 5.2	Midjourney模型5.2版本，于2023年6月发布，相较之前版本又有整体提高，生成的图片细节更多，色彩更丰富，对比度和构图也相应有所提升
8		--v 5.2	